大数据开发工程师系列

SSM 企业级框架实战

主　编　肖　睿　丁慧洁　张宁彬
副主编　张岗岗　邹　蕾　卢川英

中国水利水电出版社
www.waterpub.com.cn

·北京·

内 容 提 要

框架（Framework）的本质为某种应用的半成品，即把不同应用程序中的共性内容抽取出来而形成的半成品程序。

SSM 框架是以 Spring 为核心，整合 Spring MVC 和 Mybatis 的轻量级框架技术的组合。利用 SSM 整合框架可以开发出分层、易扩展、易维护的企业级应用系统，能够极大地满足企业需求，减少开发工作量，提高开发效率和质量，并有效减少维护工作量。

为保证最优学习效果，本书紧密结合实际应用，利用经典案例说明和实践，提炼含金量十足的开发经验，为读者提供与实际开发项目接近的案例。本书使用目前流行的 SSM 架构技术实现 Web 应用程序，并配以完善的学习资源和支持服务，包括视频教程、案例素材下载、学习交流社区、讨论组等终身学习内容，为开发者带来全方位的学习体验，更多技术支持请访问课工场官网：www.kgc.cn。

图书在版编目（C I P）数据

SSM企业级框架实战 / 肖睿，丁慧洁，张宁彬主编
. -- 北京 ：中国水利水电出版社，2017.7（2020.7 重印）
（大数据开发工程师系列）
ISBN 978-7-5170-5641-6

Ⅰ. ①S… Ⅱ. ①肖… ②丁… ③张… Ⅲ. ①企业—计算机网络 Ⅳ. ①TP393.18

中国版本图书馆CIP数据核字(2017)第164526号

策划编辑：祝智敏　　责任编辑：张玉玲　　封面设计：梁　燕

书　　名	大数据开发工程师系列 SSM企业级框架实战 SSM QIYEJI KUANGJIA SHIZHAN	
作　　者	主　编　肖睿　丁慧洁　张宁彬 副主编　张岗岗　邹　蕾　卢川英	
出版发行	中国水利水电出版社 （北京市海淀区玉渊潭南路 1 号 D 座　100038） 网　址：www.waterpub.com.cn E-mail: mchannel@263.net（万水） 　　　　 sales@waterpub.com.cn 电　话：（010）68367658（营销中心）、82562819（万水）	
经　　售	全国各地新华书店和相关出版物销售网点	
排　　版	北京万水电子信息有限公司	
印　　刷	三河市铭浩彩色印装有限公司	
规　　格	184mm×260mm　16 开本　15.75 印张　340 千字	
版　　次	2017 年 7 月第 1 版　2020 年 7 月第 4 次印刷	
印　　数	9001—11000 册	
定　　价	48.00 元	

丛书编委会

主　任：肖　睿

副主任：张德平

委　员：杨　欢　　相洪波　　谢伟民　　潘贞玉
　　　　庞国广　　董泰森

课工场：祁春鹏　　祁　龙　　滕传雨　　尚永祯
　　　　刁志星　　张雪妮　　吴宇迪　　吉志星
　　　　胡杨柳依　苏胜利　　李晓川　　黄　斌
　　　　刁景涛　　宗　娜　　陈　璇　　王博君
　　　　彭长州　　李超阳　　孙　敏　　张　智
　　　　董文治　　霍荣慧　　刘景元　　曹紫涵
　　　　张蒙蒙　　赵梓彤　　罗淦坤　　殷慧通

前　言

<u>丛书设计：</u>

准备好了吗？进入大数据时代！大数据已经并将继续影响人类的方方面面。2015年8月31日，经李克强总理批准，国务院正式下发《关于印发促进大数据发展行动纲要的通知》，这是从国家层面正式宣告大数据时代的到来！企业资本则以 BAT 互联网公司为首，不断进行大数据创新，从而实现大数据的商业价值。本丛书根据企业人才实际需求，参考历史学习难度曲线，选取"Java + 大数据"技术集作为学习路径，旨在为读者提供一站式实战型大数据开发学习指导，帮助读者踏上由开发入门到大数据实战的互联网 + 大数据开发之旅！

<u>丛书特点：</u>

1．以企业需求为设计导向

满足企业对人才的技能需求是本丛书的核心设计原则，为此课工场大数据开发教研团队，通过对数百位 BAT 一线技术专家进行访谈、对上千家企业人力资源情况进行调研、对上万个企业招聘岗位进行需求分析，从而实现技术的准确定位，达到课程与企业需求的高契合度。

2．以任务驱动为讲解方式

丛书中的技能点和知识点都由任务驱动，读者在学习知识时不仅可以知其然，而且可以知其所以然，帮助读者融会贯通、举一反三。

3．以实战项目来提升技术

本丛书均设置项目实战环节，该环节综合运用书中的知识点，帮助读者提升项目开发能力。每个实战项目都设有相应的项目思路指导、重难点讲解、实现步骤总结和知识点梳理。

4．以互联网 + 实现终身学习

本丛书可通过使用课工场 APP 进行二维码扫描来观看配套视频的理论讲解和案例操作，同时课工场（www.kgc.cn）开辟教材配套版块，提供案例代码及案例素材下载。此外，课工场还为读者提供了体系化的学习路径、丰富的在线学习资源和活跃的学习社区，方便读者随时学习。

<u>读者对象：</u>

1．大中专院校的老师和学生

2．编程爱好者

3. 初中级程序开发人员

4. 相关培训机构的老师和学员

读者服务：

为解决本丛书中存在的疑难问题，读者可以访问课工场官方网站（www.kgc.cn），也可以发送邮件到 ke@kgc.cn，我们的客服专员将竭诚为您服务。

致谢：

本丛书是由课工场大数据开发教研团队研发编写的，课工场（kgc.cn）是北京大学旗下专注于互联网人才培养的高端教育品牌。作为国内互联网人才教育生态系统的构建者，课工场依托北京大学优质的教育资源，重构职业教育生态体系，以学员为本、以企业为基，构建教学大咖、技术大咖、行业大咖三咖一体的教学矩阵，为学员提供高端、靠谱、炫酷的学习内容！

感谢您购买本丛书，希望本丛书能成为您大数据开发之旅的好伙伴！

关于引用作品版权说明

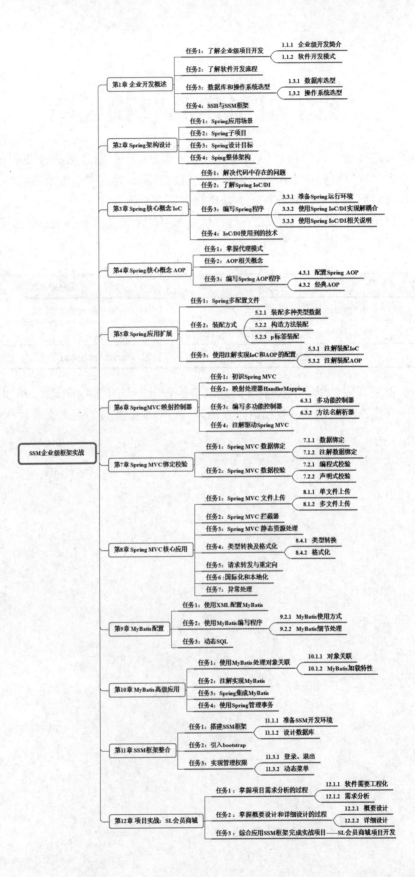

SSM企业级框架实战

- 第1章 企业开发概述
  - 任务1：了解企业级项目开发
    - 1.1.1 企业级开发简介
    - 1.1.2 软件开发模式
  - 任务2：了解软件开发流程
  - 任务3：数据库和操作系统选型
    - 1.3.1 数据库选型
    - 1.3.2 操作系统选型
  - 任务4：SSH与SSM框架
- 第2章 Spring架构设计
  - 任务1：Spring应用场景
  - 任务2：Spring子项目
  - 任务3：Spring设计目标
  - 任务4：Sping整体架构
- 第3章 Spring核心概念 IoC
  - 任务1：解决代码中存在的问题
  - 任务2：了解Spring IoC/DI
  - 任务3：编写Spring程序
    - 3.3.1 准备Spring运行环境
    - 3.3.2 使用Spring IoC/DI实现解耦合
    - 3.3.3 使用Spring IoC/DI相关说明
  - 任务4：IoC/DI使用到的技术
- 第4章 Spring核心概念 AOP
  - 任务1：掌握代理模式
  - 任务2：AOP相关概念
  - 任务3：编写Spring AOP程序
    - 4.3.1 配置Spring AOP
    - 4.3.2 经典AOP
- 第5章 Spring应用扩展
  - 任务1：Spring多配置文件
  - 任务2：装配方式
    - 5.2.1 装配多种类型数据
    - 5.2.2 构造方法装配
    - 5.2.3 p标签装配
  - 任务3：使用注解实现IoC和AOP的配置
    - 5.3.1 注解装配IoC
    - 5.3.2 注解装配AOP
- 第6章 SpringMVC映射控制器
  - 任务1：初识Spring MVC
  - 任务2：映射处理器 HandlerMapping
  - 任务3：编写多功能控制器
    - 6.3.1 多功能控制器
    - 6.3.2 方法名解析器
  - 任务4：注解驱动Spring MVC
- 第7章 Spring MVC绑定校验
  - 任务1：Spring MVC 数据绑定
    - 7.1.1 数据绑定
    - 7.1.2 注解数据绑定
  - 任务2：Spring MVC 数据校验
    - 7.2.1 编程式校验
    - 7.2.2 声明式校验
- 第8章 Spring MVC核心应用
  - 任务1：Spring MVC 文件上传
    - 8.1.1 单文件上传
    - 8.1.2 多文件上传
  - 任务2：Spring MVC 拦截器
  - 任务3：Spring MVC 静态资源处理
  - 任务4：类型转换及格式化
    - 8.4.1 类型转换
    - 8.4.2 格式化
  - 任务5：请求转发与重定向
  - 任务6：国际化和本地化
  - 任务7：异常处理
- 第9章 MyBatis配置
  - 任务1：使用XML配置MyBatis
  - 任务2：使用MyBatis编写程序
    - 9.2.1 MyBatis使用方式
    - 9.2.2 MyBatis细节处理
  - 任务3：动态SQL
- 第10章 MyBatis高级应用
  - 任务1：使用MyBatis处理对象关联
    - 10.1.1 对象关联
    - 10.1.2 MyBatis加载特性
  - 任务2：注解实现MyBatis
  - 任务3：Spring集成MyBatis
  - 任务4：使用Spring管理事务
- 第11章 SSM框架整合
  - 任务1：搭建SSM框架
    - 11.1.1 准备SSM开发环境
    - 11.1.2 设计数据库
  - 任务2：引入bootstrap
  - 任务3：实现管理权限
    - 11.3.1 登录、退出
    - 11.3.2 动态菜单
- 第12章 项目实战：SL会员商城
  - 任务1：掌握项目需求分析的过程
    - 12.1.1 软件需要工程化
    - 12.1.2 需求分析
  - 任务2：掌握概要设计和详细设计的过程
    - 12.2.1 概要设计
    - 12.2.2 详细设计
  - 任务3：综合应用SSM框架完成实战项目——SL会员商城项目开发

目　　录

第1章

企业开发概述

本章重点：

瀑布模型开发流程
SQL 与 NOSQL 的区别
SSH 与 SSM 的区别

本章目标：

了解软件开发流程和文档
了解数据库和操作系统的区别
了解 SSH 和 SSM 框架的组成

本章任务

学习本章需要完成以下 4 个工作任务：

任务 1：了解企业级项目开发
了解瀑布模型、极限开发、敏捷开发等方式。

任务 2：了解软件开发流程
了解软件的开发步骤及文档说明。

任务 3：数据库与操作系统选型
了解 SQL 与 NOSQL 的特点。
了解 Linux 和 Windows 操作系统的特点。

任务 4：SSH 与 SSM 框架比较
了解 SSH 与 SSM 整合框架的特点。

请记录下学习过程中遇到的问题，可以通过自己的努力或访问 www.kgc.cn 解决。

任务 1   了解企业级项目开发

关键知识点：
- ➤ 瀑布模型
- ➤ 极限开发
- ➤ 敏捷开发

1.1.1 企业级开发简介

通常我们按规模把软件分为小型软件、中型软件和大型软件，而大型软件的应用客户都是大型企业或商业组织等，所以业内习惯将大型软件称为企业级应用。

传统的企业级应用开发提供的是信息化解决方案和应用软件，需要合理地解决企业复杂的功能、结构，协调数量众多的外部资源并处理大量数据、多用户并发，安全性也是考虑的重点。企业级应用通常由多个应用组成，这些应用互相连接，也可能与其他企业的相关应用连接，因而构成庞大的应用集群。

现在，随着互联网的发展，大数据处理成为互联网公司主要依赖的技术手段。高并发是互联网最重要的特征，所以企业级应用也包括了大规模、多层、可扩展、可靠的、安全的网络应用程序，很多大型网站都可以归为企业级应用的范畴。

1.1.2　软件开发模式

企业软件因为功能复杂、开发人员众多，在开发过程中会产生各种各样的问题。企业软件开发方式是根据软件业务功能、开发团队技术能力和开发团队习惯来确定的，这种开发方式称为开发模式。

能够得到业界认可的传统开发模式有瀑布模型、迭代式开发、螺旋开发，目前较为流行的方式是敏捷开发。本任务将介绍瀑布模型和敏捷开发的代表——极限开发模式。

1. 瀑布模型

（1）瀑布模型简介。

瀑布模型诞生于 20 世纪 70 年代，直到 80 年代早期它一直是唯一被广泛采用的软件开发模型。

瀑布模型历史悠久，它将软件开发生命周期的各项活动按固定顺序明确分工、逐步完成。瀑布模型是最典型的预见性开发方式，严格遵循预先计划的需求分析、设计、编码、集成、测试、维护的步骤顺序进行。瀑布模型的核心思想是按工序将问题化简，将功能的实现与设计分开，便于分工协作，即采用结构化的分析与设计方法将逻辑实现与物理实现分开。

（2）瀑布模型的优缺点。

瀑布模型有以下优点：

➢ 为项目提供了按阶段划分的检查点，保证阶段工作顺利完成。

➢ 当前一阶段完成后，只需要去关注后续阶段。

➢ 可以在迭代模型中应用瀑布模型，提高软件开发效率。将增量迭代应用于瀑布模型可以在初次迭代时解决最核心的问题，之后每次迭代产生一个可运行的版本，同时增加更多的附属功能，且每次迭代必须经过质量和集成测试，控制阶段性目标的完成。

➢ 提供软件的整个制作指导过程，使得分析、设计、编码、测试和支持的方法可以在该过程中完成。

瀑布模型有以下缺点：

➢ 各个阶段的划分完全固定，阶段之间产生大量的文档，增加了工作量，降低了开发效率。

➢ 由于开发模型是线性的，用户只有等到整个过程的末期才能见到开发成果，从而增加了开发风险，不适应用户需求的变化。

➢ 通过过多的强制完成日期和里程碑来跟踪各个项目阶段。

（3）瀑布模型的使用情况。

瀑布模型在软件工程中占有非常重要的地位，它提供了软件开发的各个阶段过程。对于经常变化的项目，不应使用瀑布模型。

瀑布模型适用于需求稳定、设计人员熟悉相关应用领域、用户使用环境稳定、低风险型项目。在实际使用中，虽然瀑布模型缺点非常明显，但业内认知度高、容易理解，很多公司依然采用瀑布模型作为开发模型。

2. 极限开发

（1）极限开发简介。

极限编程（Extreme Programming，XP）诞生于 20 世纪 90 年代，是以简化软件开发为指导思想建立的新的软件开发理念。

XP 是一种轻量级的、灵活的软件开发方法。XP 的基础和价值观是沟通、简单、反馈和勇气，即团队间要加强交流、从简单做起、寻求反馈和勇于实事求是。XP 是一种类似螺旋式的开发方法，将复杂的开发过程分解为一个个相对比较简单的小周期，通过积极的交流、反馈以及其他一系列的方法，开发人员和客户可以非常清楚开发进度、变化、待解决的问题和潜在的困难等，并根据实际情况及时地调整开发过程。

XP 的概念主要是相比于传统的开发模式，如瀑布模型。XP 强调把它列出的每个方法和思想做到极限、做到最好。XP 所不提倡的，则不需要完成，如开发前期的整体设计。一个严格实施 XP 的项目，其开发过程应该是平稳的、高效的和快速的，能够做到一周 40 小时工作制而不拖延项目进度。

（2）极限开发要求。

极限编程要求有极限的工作环境、极限的需求、极限的设计、极限的编程和极限的测试，最大的特点是可以对软件制作中的变化作出响应。

➤ 极限的工作环境：为了在软件开发过程中最大程度地实现和满足客户和开发人员的基本权利和义务，XP 要求把工作环境也做得最好。每个参加项目开发的人都将担任一个角色，如项目经理、项目监督人等，并履行自己相应的权利和义务。所有的人都在同一个开放的开发环境中工作，有问题及时协调、沟通，每周 40 小时工作，不提倡加班。

➤ 极限的需求：客户是项目开发队伍中的一员，对项目功能完全了解，而不是和开发人员分开的，所以从项目的计划到最后完成客户一直起着非常重要的作用。开发人员和客户一起把各种需求分割为一个个小的需求模块，这些模块又会根据实际情况被组合在一起或者被再次分解成更小的模块。上述需求模块都被记录在一些小卡片（Story Card）上，之后将这些卡片分别分配给程序员们并在一段时间内（通常不超过 3 个星期）实现。客户根据每个模块的商业价值进行排序，确定开发的优先级。开发人员要做的是确定每个需求模块的开发风险。风险高的需求模块将被优先研究和开发。经过开发人员和客户分别从不同的角度评估每个模块后，它们被安排在不同的开发周期里，客户将得到一个尽可能准确的开发计划。

➤ 极限设计：从具体开发过程的角度来看，XP 内部的过程是多个基于测试驱动的开发（Test Driven Development）周期。如计划和设计等外层的过程都是围绕这些测试展开的，每个开发周期都有很多相应的单元测试。通过这种方式，

客户和开发人员都很容易检验所开发的软件原型是否满足了用户的需求。XP
提倡简单的设计，即针对每个简单的需求用最简单的方式进行设计和后续的
编程工作。这样写出来的程序可以通过所有相关的单元测试。XP 强调抛弃
总体详细设计方式，因为在这种设计中有很多内容是现在或近期所不需要的。
XP 还大力提倡设计复核、代码复核、重整和优化。所有这些过程的目标归
根到底还是对设计的优化。在这些过程中不断运行单元测试和功能测试可以
保证经过优化后的系统仍然符合用户的需求。

➢ 极限编程：编程是程序员使用某种程序设计语言编写程序代码并最终得到能
够解决某个问题的程序的过程。XP 极其重视编程，提倡配对编程，即两个
人一起写同一段程序，而且代码所有权归于整个开发队伍。程序员在写程序
和优化程序的时候都要严格遵守编程规范。任何人都可以修改其他人写的程
序，修改后要确定新程序能通过单元测试。所以极限编程对程序员要求较高，
只有能力相当，结对编程、修改他人的代码才能实现。

➢ 极限测试：测试在 XP 中是很重要的。XP 提倡开发人员经常把开发好的模块
整合到一起，并且在每次整合后都进行单元测试。对代码进行的任何复核和
修改也都要进行单元测试，保证现有代码的正确性。

（3）极限开发过程。

XP 开发小组使用简单的方式进行项目计划和开发跟踪，并以此预测项目进展情况
和决定未来的步骤。根据需求的商业价值，开发小组针对一组组的需求进行一系列的
开发和整合，每次开发都会产生一个通过测试的、可以使用的系统。

1）计划项目（Planning Game）：XP 的计划过程主要针对软件开发中的两个问题：
预测在交付日期前可以完成多少工作；现在和下一步该做些什么。不断地回答这两个
问题，就是直接服务于如何实施和调整开发过程；与此相比，希望一开始就精确定义
整个开发过程要做什么事情以及每件事情要花多少时间,则事倍功半。针对这两个问题，
相应地 XP 中有两个主要过程：

➢ 软件发布计划（Release Plan）。客户阐述需求，开发人员估算开发成本和风
险。客户根据开发成本、风险和每个需求的重要性制订一个大致的项目计划。
最初的项目计划没有必要非常准确，因为每个需求的开发成本、风险及其重
要性都不是一成不变的。而且，这个计划会在实施过程中被不断地调整以趋
精确。

➢ 周期开发计划（Iteration Plan）。开发过程中，应该有很多阶段计划（比如每
三个星期一个计划）。开发人员可能在某个周期对系统进行内部的重整和优
化（代码和设计）而在某个周期增加了新功能，或者会在一个周期内同时做
两方面的工作。但是，经过每个开发周期用户都应该能得到一个已经实现了
一些功能的系统。而且，每经过一个周期客户就会再提出确定下一个周期要
完成的需求。在每个开发周期中，开发人员会把需求分解成一个个很小的任
务，然后估计每个任务的开发成本和风险。这些估算是基于实际开发经验的，

项目做得多了，估算自然更加准确和精确；在同一个项目中，每经过一个开发周期，下一次的估算都会有更多的经验、参照和依据，从而更加准确。这些简单的步骤给客户提供了丰富的、足够的信息，使之能灵活有效地调控开发进程。每过两三个星期，客户总能够实实在在地看到开发人员已经完成的需求。在 XP 里，没有什么"快要完成了""完成了 90%"等的模糊说法，要不就是完成了，要不就是没完成。这种做法看起来好像有利有弊：好处是客户可以马上知道完成了哪些、做出来的东西是否合用、下面还要做些什么或改进什么等；坏处是客户看到做出来的内容可能会很不满意，甚至终止合同。实际上，XP 的这种做法是为了及早发现问题、解决问题，而不是等到过了几个月，用户终于看到开发完的系统了，然后才告诉你这个不行、那个变了、还要增加哪些内容等。

2）验收测试：客户对每个需求都定义了一些验收测试。通过运行验收测试，开发人员和客户可以知道开发出来的软件是否符合要求。XP 开发人员把这些验收测试看得和单元测试一样重要。为了不浪费宝贵的时间，最好能将这些测试过程自动化。

3）小规模发布（Small Releases）：每个周期（Iteration）开发的需求都是用户最需要的东西。在 XP 中，对于每个周期完成时发布的系统，用户都应该可以很容易地进行评估，或者已经能够投入实际使用。这样软件开发对于客户来说，不再是看不见摸不着的东西，而是实实在在的。XP 要求频繁地发布软件，如果有可能，应该每天都发布一个新版本，而且在完成任何一个改动、整合或者新需求后就应该立即发布一个新版本。这些版本的一致性和可靠性是靠验收测试和测试驱动的开发来保证的。

（4）测试驱动开发。

反馈是 XP 的四个基本的价值观之一。在软件开发中，只有通过充分的测试才能获得充分的反馈。XP 中提出的测试在其他软件开发方法中都可以见到，比如功能测试、单元测试、系统测试和负荷测试等；与众不同的是，XP 将测试结合到它独特的螺旋式增量型开发过程中，测试随着项目的进展而不断积累。另外，由于强调整个开发小组拥有代码，测试也是由大家共同维护的。即任何人在往代码库中放程序前都应该运行一遍所有的测试；任何人如果发现了一个 BUG 都应该立即为这个 BUG 增加一个测试，而不是等待写那个程序的人来完成；任何人接手其他人的任务或者修改其他人的代码和设计，改动完以后如果能通过所有测试，就证明他的工作没有破坏原系统。这样，测试才能真正起到帮助获得反馈的作用，而且通过不断地优先编写和累积，测试应该可以基本覆盖全部的客户和开发需求，因此开发人员和客户可以得到尽可能充足的反馈。

3. 敏捷开发

（1）敏捷开发简介。

敏捷开发（Agile Modeling，AM）是一种从 20 世纪 90 年代开始引起广泛关注的新型软件开发方法，具有应对快速变化的需求的软件开发能力，与极限编程具体的名称、理念、过程、术语都不尽相同。相对于"非敏捷",更强调程序员团队与业务专家之间的紧密协作、面对面的沟通,忽略文档的建立,提高生产效率,完成频繁交付新的软件版本工作,拥有紧凑而自我组织型的团队,能够很好地适应需求变化的代码编写和团队组织方法,也更注重软件开发中人的作用。

敏捷开发以用户的需求进化为核心,采用迭代、循序渐进的方法进行软件开发。在敏捷开发中,软件项目在构建初期被切分成多个子项目,各个子项目的成果都经过测试,具备可视、可集成和可运行使用的特征。换言之,就是把一个大项目分为多个相互联系,但也可独立运行的小项目,并分别完成,在此过程中软件一直处于可使用状态。

(2)敏捷开发价值观。

常用的 AM 模式包含极限开发、Scrum 等,AM 的价值观包括了极限编程的四个价值观:沟通、简单、反馈、勇气,此外还扩展了第五个价值观:谦逊。

➤ 沟通:建模不但能够促进团队内部开发人员之间的沟通,还能够促进团队和项目利益相关人员的沟通,使所有人员都对项目有足够的了解。

➤ 简单:画一两张图表来代替几十甚至几百行的代码,通过这种方法建模成为简化软件和软件开发过程的关键。所以对开发人员来说既简单又容易产生新的想法,而且随着对软件理解的加深,能够很容易进行改进。

➤ 反馈:通过图表来交流想法可以快速获得反馈,并能够按照建议行事。

➤ 勇气:勇气非常重要,当决策证明是不合适的时候需要做出重大决策,放弃或重构工作、修正方向。

➤ 谦逊:最优秀的开发人员都拥有谦逊的美德,他们总能认识到自己并不是无所不知的。事实上,无论是开发人员还是客户,甚至所有的项目成员,都有他们自己的专业领域,都能够为项目做出贡献。一个有效的做法是假设参与项目的每一个人都有相同的价值,都应该被尊重。

(3)敏捷开发宣言。

敏捷开发是以人为本的开发方式,提出了 12 条宣言作为开发中的指导原则:

➤ 最重要的是通过尽早和不断交付有价值的软件来满足客户需要。

➤ 敏捷过程能够驾驭变化,保持客户的竞争优势。欢迎需求的变化,即使在开发后期。

➤ 经常交付可以工作的软件,从几星期到几个月,时间尺度越短越好。

➤ 业务人员和开发者应该在整个项目过程中始终朝夕在一起工作。

➤ 围绕斗志高昂的人进行软件开发,给开发者提供适宜的环境,满足他们的需要,并相信他们能够完成任务。

➤ 在开发小组中最有效率也最有效果的信息传达方式是面对面的交谈。

➤ 可以工作的软件是进度的主要度量标准。

➤ 敏捷过程提倡可持续开发。出资人、开发人员和用户应该总是维持不变的节奏。

➤ 对卓越技术与良好设计的不断追求将有助于提高敏捷性。

> 简单——尽可能减少工作量的艺术至关重要。
> 最好的架构、需求和设计都源自自我组织的团队。
> 每隔一定时间团队都要总结如何更有效率，然后相应地调整自己的行为。

所以 AM 的特点总结起来如下：

> 人和人沟通重于过程和工具。
> 可以工作的软件重于完备的文档。
> 客户协作重于合同谈判。
> 随时应对变化重于循规蹈矩。

（4）敏捷开发实践。

> 迭代开发：可以工作的软件胜过面面俱到的文档。因此，敏捷开发提倡将一个完整的软件版本划分为多个迭代，每个迭代实现不同的特性。重大的、优先级高的特性优先实现，风险高的特性优先实现。在项目的早期就将软件的原型开发出来，并基于这个原型在后续的迭代中不断完善。迭代开发的好处是：尽早编码，尽早暴露项目的技术风险；尽早使客户见到可运行的软件，并提出优化意见；可以分阶段提早向不同的客户交付可用的版本。

> 迭代计划会议：每个迭代启动时召集整个开发团队召开迭代计划会议，所有的团队成员畅所欲言，明确迭代的开发任务，解答疑惑。

> Story Card/Story Wall/Feature List：在每个迭代中，架构师负责将所有的特性分解成多个 Story Card。每个 Story 可以视为一个独立的特性。每个 Story 应该可以在最多一个星期内完成开发，交付提前测试（Pre-Test）。当一个迭代中的所有 Story 开发完毕以后，测试组再进行完整的测试。在整个测试过程中（Pre-Test、Test），基于 Daily build，测试组永远都是每天从配置库上取下最新编译的版本进行测试，开发人员也随时修改测试人员提交的问题单并合入配置库。

> 敏捷开发的一个特点是开放式办公，充分沟通，包括测试人员也和开发人员一起办公。基于 Story Card 的开发方式，团队会在开放式办公区域放置一块白板，上面粘贴着所有的 Story Card，按当前的开发状态贴在 4 个区域中，分别是：未开发、开发中、预测试中、测试中。Story Card 的开发人员和测试人员根据开发进度在 Story Wall 上移动 Story Card，更新 Story Card 的状态。这种方式可以对项目开发进度有一个非常直观的了解。在开发人员开始开发一个 Story 时，需要找来对应的测试人员讲解 Story 功能，以便测试人员有一致的理解，同时开始自动化系统测试脚本的开发。

> 站立会议：每天早上，所有的团队成员围在 Story Wall 周围开一个高效率的会议，通常不超过 15 分钟，汇报开发进展，提出问题，但不浪费所有人的时间立刻解决问题，而是会后个别沟通解决。

> 结对编程：是指两个开发人员结对编码。结对编程的好处是：经过两个人讨论后编写的代码比一个人独立完成会更加完善，一些大的方向不至于出现偏

差，一些细节也可以被充分考虑到。一个有经验的开发人员和一个新手结对编程，可以促进新手的成长，保证软件开发的质量。

➤ 持续集成和每日构建能力：是否足够强大是迭代开发是否成功的一个重要基础，基于每日构建。开发人员每天将编写 / 修改的代码及时更新到配置库中，自动化编译程序每天至少一次自动从配置库上取下代码，执行自动化代码静态检查、单元测试、编译版本、安装、系统测试和动态检查（如 Purify）。以上这些自动化任务执行完毕后会输出报告，自动发送邮件给团队成员。如果其中存在着任何问题，相关责任人应当及时修改。可以看到，整个开发组频繁地更新代码，出现一些问题不可避免。测试部又在不停地基于最新的代码进行测试。新增的问题是否能够被及时发现并消灭掉取决于自动化单元测试和系统测试能力是否足够强大，特别是自动化系统测试能力。如果自动化测试只能验证最简单的操作，则新合入代码的隐患将很难被发现，并遗留到项目后期，形成大的风险。而实际上，提升自动化测试的覆盖率是最困难的。

➤ 总结和反思：每个迭代结束以后，项目组成员召开总结会议，总结好的实践和教训并落实到后续的开发中。

➤ 演示：每个 Story 开发完成以后，开发人员叫上测试人员演示软件功能，以便测试人员充分理解软件功能。

➤ 重构：因为迭代开发模式在项目早期就开发出可运行的软件原型，一开始开发出来的代码和架构不可能是最优的、面面俱到的，因此在后续的 Story 开发中，需要对代码和架构进行持续的重构。迭代开发对架构师要求很高。因为架构师要将一个完整的版本拆分成多个迭代，每个迭代分成很多 Story，从架构的角度看，这些 Story 必须有很强的继承性，是可以不断叠加的，不至于后续开发的 Story 完全推翻了早期开发的代码和架构，同时也不可避免地需要对代码进行不断完善，不断重构。

➤ 测试驱动开发：正如上面讲的，迭代开发的特点是频繁合入代码，频繁发布版本。测试驱动开发是保证合入代码正常运行且不会在后期被破坏的重要手段。这里的测试主要指单元测试。

4．总结

作为开发模式的元老瀑布模型已经大行其道很多年，相应的方法论已经被大多数从业者熟知，但对于软件开发过程中最重要的需求变化不够敏感的缺陷也十分突出。而敏捷开发模式能够有效地解决这个问题，也是它能异军突起的原因。但敏捷开发模式因发展的时间相对较短，且对从业人员和企业相关人员的素质要求较高，实践有一定难度。

至此，任务 1 完成。

任务 2　了解软件开发流程

关键知识点：

➤ 软件开发步骤

➤ 文档说明

1. 瀑布模型的开发流程

（1）瀑布模型开发流程。

使用瀑布模型开发软件项目，要严格遵循预先计划的需求分析、设计、编码、集成、测试、维护的步骤顺序进行，这就是使用瀑布模型开发软件的流程。每一步做的具体工作如下：

➤ 需求分析：首先由系统分析员和用户初步了解需求，粗略规划出大功能模块，然后再细分为小功能模块，功能明确的业务可以做少量的界面原型。随着需求的深入了解，规划出详细的模块情况，并制作相关的界面原型。需求分析是和客户沟通的过程，通过不断迭代以确定用户的需求。

➤ 设计：对软件系统进行概要设计，包含基本处理流程、组织结构、模块划分、功能分配、接口设计、数据结构设计和错误处理等。然后在概要设计的基础上进行软件系统的详细设计。描述模块涉及的主要算法、数据结构、类的层次及调用关系，需要说明每一个功能的设计标准，以便进行编码和测试。详细设计要求足够详细，能够根据详细设计进行后面的工作。

➤ 编码：根据详细设计中的数据结构、算法和模块的设计要求开始编码工作，实现各模块功能，保证目标系统的功能、性能、接口、界面等具体功能达到设计要求。这一步包含了根据设计说明书来构建产品，通常这一阶段是由开发团队来执行的，开发团队包括了程序员、界面设计师和其他专家，他们使用的工具包括编译软件、调试软件、解释软件和媒体编辑软件。

➤ 集成：对各个模块进行整合。这一阶段将生成一个或多个产品组件，它们是根据每一条编码标准而编写的，并且经过了调试、测试并进行集成以满足系统架构的需求。对于大型开发团队而言，建议使用版本控制工具来追踪代码树的变化，这样在出现问题的时候可以还原以前的版本。

➤ 测试：对目标系统进行测试，保证功能达到设计要求。在这一阶段，独立的组件和集成后的组件都将进行系统性验证以确保没有错误并且完全符合第一阶段所制定的需求。一个独立的质量保证小组将定义"测试实例"来评估产品是完全实现了需求还是只有部分满足。

➤ 维护：上线使用中的系统需要进行维护，修改在使用过程中出现的 BUG。包括了对整个系统或某个组件进行修改以改变属性或者提升性能，这些修改可能源于客户的需求变化或者系统使用中没有覆盖到的缺陷，通常在维护阶段对产品的修改都会被记录下来并产生新的发布版本（称为"维护版本"并伴随升级了的版本号）以确保客户可以从升级中获益。

（2）瀑布模型文档说明。

指导开发的过程有完善的文档说明，需要有多个文档说明不同的设计内容，编写的文档如下：

➢ 可行性研究报告：立项的基本依据，说明项目的需求调研情况。

➢ 概要设计说明书：初步确定系统中的模块划分、接口设计等信息。

➢ 详细设计说明书：详细规划出模块功能、主要算法、接口、界面原型等。

➢ 需求规格说明书：系统中的字典、数据字段约束等相关说明。

➢ 数据库说明书：数据库中的表、字段和关系说明。

➢ 项目开发计划：项目的开发进度、阶段性工作目标等。

有了以上文档作为指导就可以开始编码工作了。另外在交付上线时还需要有以下文档：

➢ 用户操作手册：系统如何使用，是给客户的指导性文档。

➢ 程序维护手册：系统上线使用后的维护方案。

（3）文档编写规范。

因为在编码等后续步骤中起了非常重要的作用，文档的编写也要有相应的规范：

➢ 标准化：从需求分析开始到投产应用所有涉及的每一种文档都要给出一个可以执行的模板，所有完成的文档从里到外都要非常工整，具有专业水准，符合 ISO9000 及 CMM 质量标准要求。

➢ 易用性：编制的各种软件文档要便于不同岗位的人员进行阅读、理解、学习和使用。

➢ 简洁性：要求软件项目中需要编写的文档内容突出主题，只反映要描述的问题，不包含其他不必要的东西，语言表达简明扼要、一清二楚，如有可能可以配以适当的图表，以增强其清晰性。

➢ 针对性：文档要按不同的类型、面对的不同对象实行差异化编制，根据实际需要进行编写，也就是说文档编写目的要明确，因需而变。例如管理文档主要面向管理人员，用户文档主要面向用户，这两类文档不应像开发文档（面向开发人员）那样过多使用软件的专用术语。

➢ 一致性：文档的行文应当十分确切，对于同一现象的描写不能出现多义性的描述，同一项目中几个文档描述的内容应当是一致的，相互之间没有矛盾。

➢ 完整性：任何一个文档都应当是完整的、独立的，没有遗漏和丢失的内容。也就是说每一种文档在设计时可以包含必要的图形、模型、叙述、表、索引、附录和参考文献，列举的这些内容都是完整的。同一软件项目涉及的几个文档之间可能存在部分内容相同，这种重复是必要的，不要在文档中出现"见 XX 文档 XX 章节"的现象。

> 灵活性：在实际操作中要针对软件项目规模和复杂程度的不同对现行的文档进行修正，决定编制的文档种类。可以依据自身软件开发情况制定一个对文档编制的规定，用列表的形式列出项目在什么条件下应该形成哪些文档以及这些文档的详细程度。

> 可追溯性：在软件项目的开发过程中，各个阶段编制的文档不是孤立的，而是与各个阶段完成的工作有密切的关系，随着项目开发工作的进展具有一定的继承关系，体现出了可追溯的特性，如软件需求会在设计说明书、测试设计方案及用户手册中有所体现。

> 设定优先级：在软件项目的众多文档中，其中一些文档必定是关键文档，起到非常重要的作用。对于这类文档要设定优先级别特别关注，不能有任何的错误存在，对于一些关键的地方要特别标记，特别说明。

> 文档的审核：审核就是检查编写的项目文档是否齐全有无遗漏，是否符合文档的规范要求，内容描写是否正确紧扣主题，列出的图表信息是否准确，以确保文档的质量。审核要花费一定的人力和时间，但效果是显著的。通过对文档进行全面的审核、充分的测试可有效地发现文档中存在的问题，如遗漏的需求、多余的功能设计内容、不切实际的测试计划、不可行的测试方案、不充分的测试案例和不合格的操作手册等，提前发现问题、改正问题。这样比客户使用软件时遇到麻烦或软件项目推广应用中出现问题时再向项目开发人员寻求支持更有效，且能提高客户的满意度，减少出错返工的成本和时间。

2. 极限开发的流程及文档说明

极限开发与瀑布模型有很大不同，它的开发流程如下：

> 迭代：确定本次迭代的内容，规划出功能模块的最小范围。

> 单元测试：以测试作为驱动，先完成测试功能再进行编码。

> 编码：编码后马上测试确定正确性。

以上步骤循环进行，直到系统完成。在迭代的过程中，需要业务人员、设计人员、程序员、测试员对需求有完全的了解。

在极限开发中文档被弱化了，它是以人为本的方式，强调人性化、简单、沟通，尽量减少文档，但并不是不需要文档，以能说明本次迭代的功能为准则，由测试员和程序员对功能进行把控。

至此，任务 2 完成。

任务 3　数据库和操作系统选型

关键知识点：

> SQL 与 NoSQL

> Linux 与 Windows

1.3.1　数据库选型

企业软件通常拥有很大的数据量，怎样合理地选择数据库存储数据是企业进行开发前面对的关键决策之一，这关乎未来业务的形态和发展。需要根据实际需求选择适合的数据库。

1. SQL 数据库

（1）SQL 数据库简介。

关系型数据库经历了长时间的发展，而它的结构化查询语言（SQL）也已经被从业者接受，流行的关系型数据库有 Oracle、SQL Server 和 MySQL 等。

目前有很多企业使用 SQL 数据库作为存储系统，它的优点如下：

➢ SQL 是业界公认的标准，不同 SQL 数据库使用的语法基本相同，只有少数特殊语法不能通用。

➢ 事务处理可以使数据保持一致性。

➢ 可以进行很复杂的多表查询。

➢ 从业人员众多，企业可以有效地控制人员成本。

➢ 企业级数据库一般都是由厂商开发，出现问题有合适的渠道解决。

虽然 SQL 数据库有很大的市场份额，但它的缺点也是非常明显的：

➢ 当数据量达到一定规模后，复杂的业务逻辑容易造成并发问题，导致读写缓慢。

➢ 因为使用多表查询机制，在扩展方面存在先天不足。

➢ 海量数据在 SQL 数据库中是很难解决的问题。

➢ 企业级数据库的购买成本过高，随着系统规模的扩大而不断上升。

（2）SQL 数据库对比。

下面了解一下几种主流数据库产品的使用情况。

1）MySQL：是一个快速的、多线程、多用户和健壮的 SQL 数据库服务器，采用了双授权政策，分为社区版和商业版，由于其体积小、速度快、总体拥有成本低，尤其是开放源码这一特点，一般中小型网站的开发都选择 MySQL 作为网站数据库。MySQL 服务器支持关键任务、重负载生产系统的使用，也可以将它嵌入到一个大配置（mass-deployed）的软件中去。

与其他数据库管理系统相比，MySQL 具有以下优势：

➢ MySQL 是一个关系数据库管理系统。

➢ MySQL 是开源的。

➢ MySQL 服务器是一个快速的、可靠的和易于使用的数据库服务器。

➢ MySQL 服务器工作在客户 / 服务器或嵌入系统中。

➢ 有大量的 MySQL 管理软件可以使用。

2）SQL Server：是由微软开发的数据库管理系统，是 Web 上最流行的用于存储数据的数据库，它已广泛用于电子商务、银行、保险、电力等与数据库有关的行业。

目前 SQL Server 只能在 Windows 上运行，操作系统的系统稳定性对数据库十分重要，并行实施和共存模型并不成熟，很难处理日益增多的用户数和数据卷，伸缩性有限。

SQL Server 提供了众多的 Web 和电子商务功能，如对 XML 和 Internet 标准的丰富支持，可通过 Web 对数据进行轻松安全的访问，具有强大的、灵活的、基于 Web 的和安全的应用程序管理等，而且由于易操作且具有友好的操作界面，所以深受广大用户喜爱。

3）Oracle：在数据库领域一直处于领先地位，是世界上使用最广泛的关系数据系统之一。

Oracle 数据库产品具有以下优良特性：

➢ 兼容性：Oracle 产品采用标准 SQL，与 IBM SQL/DS、DB2、INGRES、IDMS/R 等兼容。

➢ 可移植性：Oracle 的产品可运行于很宽范围的硬件与操作系统平台上，可以安装在 70 种以上不同的大、中、小型机上，可在 DOS、UNIX、Windows 等多种操作系统下工作。

➢ 可连接性：Oracle 能与多种通信网络相连，支持各种协议（TCP/IP、DECnet、LU6.2 等）。

➢ 高生产率：Oracle 产品提供了多种开发工具，能极大地方便用户进行进一步的开发。

➢ 开放性：Oracle 良好的兼容性、可移植性、可连接性和高生产率使 Oracle RDBMS 具有良好的开放性。

所以要根据企业的需要，从成本、时间、效率等方面来考虑选取的数据库类型，对于中小型企业来说一般推荐使用 MySQL 数据库。

2. NoSQL 数据库

（1）NoSQL 数据库简介。

NoSQL 数据库是对比于关系型数据库，它不使用 SQL 语言操作数据，不提供对 SQL 的支持，可以处理非结构化、半结构化的大数据。NoSQL 只是一个概念，按存储模型可以分为很多种，如列存储、文档存储、键值存储、对象存储等。NoSQL 的优点如下：

➢ 扩展简单，可以很轻松地添加新的节点到集群。

➢ 读写迅速，键值方式存储基本采用的是内存操作，性能非常出色。

➢ 成本低，因为大多是开源软件，不需要支付昂贵的费用。

➢ 对服务器硬件要求不高，可以节约成本。

但是 NoSQL 也存在很多不足，缺点如下：

➢ 不支持 SQL，也就是没有业界的标准，不同 NoSQL 拥有不同的使用方式。

➢ 大多数都不支持事务，也没有各种附加的功能。

➢ 发展时间短，产品不够成熟。

（2）NoSQL 数据库选择。

NoSQL 数据库类型较多，针对不同的功能选择有所不同。

➢ 对热点数据进行缓存处理、Web 集群中的 Session 管理，可以选择键值存储，如 redis、memcached 等。

➢ 作为数据库存储可以选择使用文档存储 MongDB，MongDB 具有良好的操作性能且容易扩展，已经逐渐成为互联网公司采用的主流数据库。

在决定使用 SQL 还是 NoSQL 时，可以把系统中对事务的需求作为一个判断依据，需要事务可以选择 SQL，不需要则选择 NoSQL。但事务处理其实也可以在程序中完成，所以还可以根据成本和人员的技术水平进行综合判断，以决定具体的数据库类型。

1.3.2　操作系统选型

企业软件所部署的操作系统也需要经过选择确定，适合的操作系统能够为软件运行提供性能良好的平台。

1．Linux

Linux 可以说是为服务器而生的，提供了服务器需要的各种工具。Linux 并不是某一个操作系统，而是对使用 Linux 内核的众多操作系统的统称。Linux 的特点如下：

➢ 使用命令行操作，也可以安装桌面，但为了节省内存，在实际使用中很少采用。

➢ 安全性优于 Windows。

➢ 版本众多，免费和收费版本都可以使用。

➢ 对于使用 Java 或 PHP 等语言开发的系统多采用 Linux 操作系统，但具体使用什么版本则需要再进一步考虑。

➢ Debian：提供了软件的较新版本并有较多的软件，更新迅速，但也正是因为软件版本较新，可能存在一些 BUG，导致稳定性降低。

➢ Red Hat：对新软件的支持较慢，所以在稳定性上十分突出，并且技术文档完美，付费可以得到非常好的技术支持。

➢ Centos：作为 Red Hat 的开源版本也可以获得良好的稳定性，只是没有技术支持。

2．Windows

使用微软产品开发的系统只能选择部署在 Windows 操作系统上，微软的各种开发软件平台和操作系统都是需要付费的，但能够得到良好的技术支持。

Java、PHP 开发的系统也可以在 Windows 平台上部署、运行，对于不熟悉 Linux 下操作的企业也可以选择使用 Windows，但是性能和安全性较 Linux 要差。

任务 4　SSH 与 SSM 框架

关键知识点：

➢ SSH

➢ SSM

使用 Java 做企业级系统目前都是采用框架完成，它可以提供良好的团队协助方式，使编码风格统一，分层实现不同的业务需求。

Java 语言编写的框架种类繁多，能够普遍被大家采用的有 SSH 和 SSM 等，SSH 框架即 Spring +Struts2+Hibernate，SSM 框架即 Spring +Spring MVC+MyBaties。

（1）Struts2 与 Spring MVC。

MVC 设计模式很早就在企业系统的编写中使用了，相应框架的产生也是最早的。如 Struts1 框架就是 Web MVC 的先驱者，它采用的是侵入式的编码方式，需要继承框架本身的一些类或接口，不利于代码的移植。早期说到的 SSH 中第一个 S 指的就是 Struts1。

随着 Java 语言的发展，更多的特性使框架的设计日趋合理，出现了 Struts2 框架，但是它和 Struts1 只是名字相似，设计思想已经完全不同。Struts2 基于 webwork，采用非侵入式的方式编码，不再需要实现框架的类或接口。

Spring MVC 也是一个 MVC 框架，是 Spring 框架的一个组件，和 Spring 框架具体很好的接入性。现在我们说到的 SSH 中第一个 S 有可能是 Struts2 也可能是 Spring MVC。

Spring MVC 也是非侵入的方式，把控制层和视图层进行了良好的分割。另外提供了非常方便的工具，如数据绑定、数据校验、拦截器等。这也是我们在后续内容中要讲到的 MVC 框架。

（2）Spring。

在 Spring 出现之前，Java 提供的企业级组件称为 EJB，虽然这是官方的标准组件，但因为设计不合理、编码繁琐、不易控制，最终被 Spring 这种轻量级的框架取代。Spring 的发展也经历了很长时间，但它的核心理念没有变化，就是采用容器的方式进行类的管理，而类是非侵入式的，使代码拥有了良好的可移植性。并且 Spring 也开发了一些附加组件，如前面说到的 Spring MVC。但 Spring 并不强制使用附加组件，而是提供了和其他第三方框架整合的方法。所以如 SSH、SSM 都是多个框架整合的叫法，第二个 S 指的就是 Spring。

Spring 作为容器可以对业务类进行管理，也可以对其他框架进行整合管理，另外还提供了 AOP（面向切面编程）对类进行灵活的扩展，已经逐步成为业界的标准组件。

（3）Hibernate。

EJB 中有一个关键的组件称为实体 Bean，它可以进行对象关系映射完成持久层的工作，但也需要继承复杂的类或接口实现，对编码造成了很大困难。Hibernate 框架的出现改变了这种情况，它使用配置文件的方式，不需要侵入式编码，使用对象关系映射实现数据持久化，并且合理的设计能达到不需要 SQL 的程度。SSH 中的 H 指的是 Hibernate，用于处理系统中的数据持久化问题。

但 Hibernate 的实现方式过于复杂，完全采用面向对象的设计方式，造成系统中使用 Hibernate 的技术门槛较高，相较下面介绍的 MyBaties 更为复杂。

（4）MyBaties。

SSM 和 SSH 的区别是对数据持久化组件的选择，M 指的是 MyBaties 框架。

MyBaties 比 Hibernate 出现的时间晚，最早由 iBaties 演变而来。它也是持久层框架，但它可以说是由 SQL 进行映射的方式，只要对 SQL 熟悉就可以很容易掌握它的使用。

在实际使用中，SSH 和 SSM 框架都有一定的支持者，公司一般会沿用企业以前选择的框架。但对开发人员来说，必须掌握其中一种框架集，本书基于开发效率和学习成本考虑选取的是 SSM。

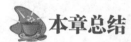 **本章总结**

本章学习了以下知识点：
- 软件开发流程。
- 数据库与操作系统的选择。
- SSH 与 SSM 框架的特点。

本章作业

1. 简述瀑布模型的开发流程。
2. 简述 SQL 与 NoSQL 的区别。

随手笔记

第2章

Spring 架构设计

▶ **本章重点：**

Spring 应用场景
Spring 子项目
Spring 设计目标
Spring 整体架构

▶ **本章目标：**

熟悉 Spring 子项目
熟悉 Spring3.2 整体架构
了解 Spring4.0 新特性

📖 本章任务

学习本章需要完成以下 4 个工作任务:

任务 1: Spring 应用场景

了解 Spring 的应用场景。

任务 2: Spring 子项目

了解 Spring 子项目

任务 3: Spring 设计目标

了解 Spring 设计目标。

任务 4: Spring 整体架构

了解 Spring3.2 的整体架构、了解 Spring4.0 的新特性。

请记录下学习过程中遇到的问题,可以通过自己的努力或访问 www.kgc.cn 解决。

任务 1 　 Spring 应用场景

关键知识点:

➢ POJO
➢ 轻量级
➢ 非侵入式
➢ 容器
➢ 控制反转

在使用 Java 语言开发项目时会用到很多框架,这些框架提供的功能可以帮助我们快速地实现项目。Spring 框架作为目前最流行的框架应用非常广泛,很多企业项目都使用 Spring 作为基础。

1. Spring 简介

Spring 是一个开源的轻量级框架,目的是简化企业级应用程序开发。应用程序由一组相互协作的对象组成。而在传统应用程序开发中,一个完整的应用是由一组相互协作的对象组成的。所以开发一个应用除了要开发业务逻辑之外,最多的是关注如何使这些对象协作来完成所需功能。Spring 以 IoC(控制反转)和 AOP(面向切面编程)为核心,可以整合其他各个模块和其他框架,提供了一站式平台,而且它们之间具有低耦合、高内聚的特点。

Sun 官方的 J2EE 企业级应用开发使用 EJB 等技术，它具有很强的浸入性，编写组件需要继承、实现 EJB 提供的接口。Spring 避免了 EJB 的缺陷，提供轻量级的开发方式，采用 POJO，不需要实现 Spring 的接口，减小了代码难度，提高了可移植性，并能有效地管理各种组件。另外，可以把 Spring 作为一个整体来使用，也可以把 Spring 的各个模块拿出来独立使用，根据企业级应用的不同特点进行合理选择。

应用程序在开发过程中，业务逻辑开发是不可避免的，为了降低耦合性，通常可以使用工厂设计模式、单例设计模式创建对象，生成器模式帮助我们处理对象间的依赖关系，但是创建相应的工厂类、生成器类增加了我们的负担。如果能通过配置方式来创建对象，管理对象之间的依赖关系，而不需要通过工厂和生成器来创建及管理对象之间的依赖关系，这样就减少了许多工作，加速了开发，能节省出很多时间来干其他事情，Spring 框架早期版本就是来完成这个功能的。

Spring 框架除了管理对象及其依赖关系外，还提供像通用日志记录、性能统计、安全控制、异常处理等面向切面的能力，还能管理最头疼的数据库事务。在需要这些功能的地方动态添加这些功能，无需在业务逻辑方法或对象中编写。使用代理设计模式或包装器设计模式其实也可以解决这些问题，但依然需要通过编程方式来创建代理对象，也需要耦合这些代理对象，而采用 Spring 面向切面编程能提供一种更好的方式来完成上述功能，一般通过配置方式，而且不需要在现有代码中添加任何额外代码，使代码只专注于业务逻辑功能。

2. Spring 概念

学习 Spring 框架需要了解一些会涉及的概念：

➢ 非侵入式设计：从框架角度可以这样理解，无需继承框架提供的类，这种设计就可以看做是非侵入式设计，如果继承了这些框架类则是侵入式设计，以后想更换框架之前写过的代码几乎无法重用，如果是非侵入式设计则之前写过的代码仍然可以继续使用。

➢ 轻量级及重量级：轻量级是相对于重量级而言的，轻量级一般就是非入侵性的、所依赖的东西非常少、资源占用非常少、部署简单等，其实就是比较容易使用，而重量级正好相反。

➢ POJO：即 Plain Old Java Objects（简单的 Java 对象），它可以包含业务逻辑或持久化逻辑，但不担当任何特殊角色且不继承或不实现任何其他 Java 框架的类或接口。

➢ 容器：在日常生活中容器就是一种盛放东西的器具，从程序设计角度看就是装对象的对象，因为存在放入、拿出等操作，所以容器还要管理对象的生命周期。

➢ 控制反转：即 Inversion of Control（IoC），它还有一个名字叫做依赖注入（Dependency Injection），就是由容器控制程序之间的关系，而非传统实现中由程序代码直接操控。

➢ Bean：一般指容器管理对象，在 Spring 中指 Spring IoC 容器管理对象。

3．Spring 优点

使用 Spring 框架可以让我们只关注业务逻辑，其余的很多功能都能帮助我们简化开发。

（1）不使用 Spring 开发程序，创建对象及组装对象间的依赖关系需要在程序内部进行控制，这样会加大各个对象间的耦合，如果要修改对象间的依赖关系就必须修改源代码，重新编译、部署；而如果采用 Spring，则由 Spring 根据配置文件来创建及组装对象间的依赖关系，只需要修改配置文件，无需重新编译。所以，Spring 能帮助我们根据配置文件创建及组装对象之间的依赖关系。

（2）当需要日志记录、权限控制、性能统计等功能时，不使用 Spring 就需要在对象或方法中直接编写，而且权限控制、性能统计的大部分代码是重复的。即使把通用部分提取出来，调用代码依然是重复的。对于性能统计可能在测试调试时才能用到，诊断完毕后要删除这些代码。记录方法访问日志、数据访问日志等，各个要访问的方法中都要编写代码。权限控制必须在方法执行开始时进行审核判断。如果采用 Spring 框架，日志记录、权限控制、性能统计可以从业务逻辑中分离出来，所以 Spring 面向切面编程能帮助我们无耦合地实现日志记录、性能统计和安全控制。

（3）不使用 Spring，如果要管理数据库事务，则需要做一系列操作"获取连接，执行 SQL，提交或回滚事务，关闭连接"，而且还要保证在最后一定要关闭连接。如果采用 Spring，则只需获取连接，执行 SQL，其他的都交给 Spring 来管理，所以 Spring 能非常简单地帮助我们管理数据库事务。

（4）Spring 提供了与第三方数据访问框架（如 Hibernate、JPA）的无缝集成，而且提供了一套 JDBC 访问模板来方便数据库访问。

（5）Spring 还提供与第三方 Web 框架（如 Struts、JSF）的无缝集成，而且提供了一套 Spring MVC 框架来方便 Web 层搭建。

（6）Spring 能方便地与 Java EE（如 Java Mail、任务调度）整合，从而与更多技术整合（如缓存框架）。

Spring 能帮我们做很多事情，本身提供了很多功能，还提供了与其他主流技术的整合，帮我们解决了开发中碰到的各种问题。

4．Spring 应用场景

Spring 的应用场景有如下几个：

（1）典型的 Spring Web 应用。

在 Web 应用程序应用场景中典型的三层架构（如图 2.1 所示）：数据模型层实现域对象，数据访问层实现数据访问，逻辑层实现业务逻辑，Web 层使用 Spring MVC 提供页面展示。所有这些层组件都由 Spring 进行管理，享受到 Spring 事务管理、AOP 等好处，而且请求唯一入口就是 DispachterServlet，它通过把请求映射为相应的 Web 层组件来实现相应的请求功能。

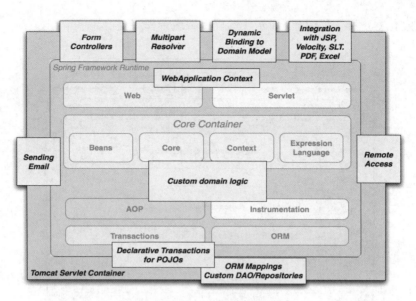

图 2.1　典型 Spring Web 应用场景

（2）前端使用第三方 Web 框架。

在实际使用中，常用的第三方框架有 Struts、Tapestry 等，如图 2.2 所示。已经基本取代了 EJB 的开发方式。再加上 Linux、MySQL、Tomcat 等开源软件，可以轻松构建企业级应用平台。另外，以上软件和框架都可以免费使用，而且从业者众多，可以最大限度地节省企业成本。

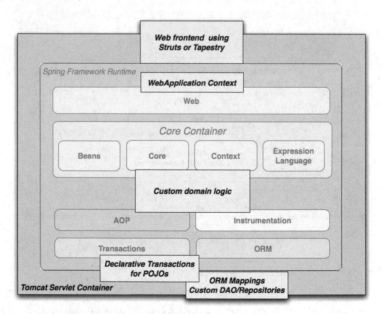

图 2.2　使用第三方 Web 框架场景

（3）Remoting（远程调用）使用场景。

当需要通过 Web 服务访问现有的代码时，可以使用 Spring 的 JAX RPC、Hessian、

Burlap、RMI 客户端，如图 2.3 所示，远程调用现有程序变得简单。

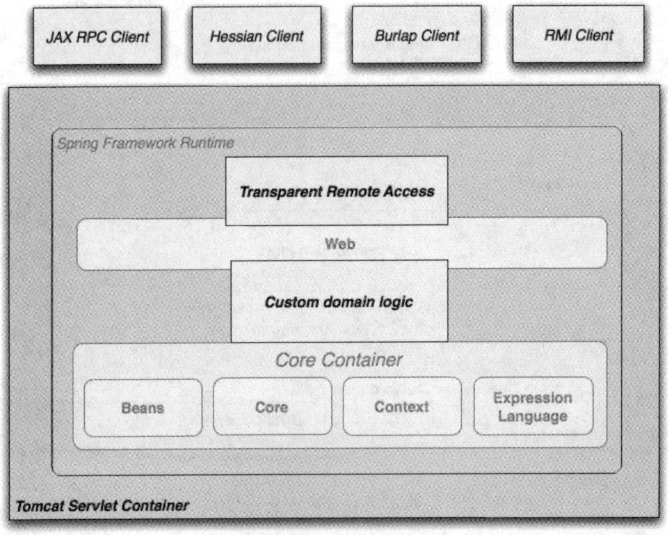

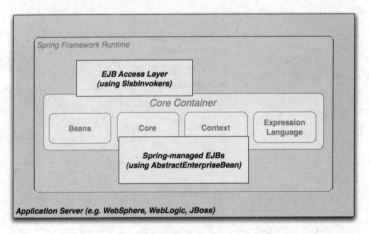

图 2.3　远程调用场景

（4）使用 EJB 包装现有的 POJO。

Spring 框架提供了访问 Enterprise JavaBeans（EJB）的抽象层，如图 2.4 所示，使我们可以重用现有的 POJO 并包装在无状态会话 bean 中，实现可伸缩的 Web 应用程序。

图 2.4　EJB 包装现有的 POJO 场景

（5）Spring 应用场景总结。

Spring 在三层架构中常用的框架组合有 SSH 和 SSM。Struts2 或者 Spring MVC 作为 UI 层，Spring 作为中间件平台，Hibernate、Mybatis 作为数据持久化工具来操作关系数据库。如果选择使用 Spring MVC 作为 Web 层框架，就只剩 Hibernate 或 MyBatis 是一个独立的 ORM 数据持久化产品。对 Spring 来说，还可以直接使用 Spring 的 JDBC 模板来做数据持久化的工作，它也可以完成和数据库交互的操作。但和 Hibernate、

MyBatis 相比，功能上毕竟还是有一些简单。因此，在大多数应用中，将 Hibernate 或 MyBatis 和 Spring 一起使用是非常普遍的。

　　Spring 不止一站式地支持 Java 开发企业级应用，还提供了整合第三方框架的能力，并通过子项目支持 .NET、Android 等应用场景。从这些应用场景上可以看出，因为 Spring 设计时的轻量级特性以及采用 POJO 开发，所以使用起来非常灵活，对于大中小型项目都能提供适合的解决方案。

任务 2　Spring 子项目

　　关键知识点：
- ➢ Spring Framework（Core）
- ➢ Spring Security
- ➢ Spring Web Flow
- ➢ Spring Boot
- ➢ Spring Data

经过十多年的发展，Spring 已经非常成熟，而且不断壮大，加入了很多子项目供用户选择。

子项目

　　进入 Spring 官网 https://spring.io/projects，如图 2.5 所示，可以看到基于 Spring 核心构建出的一个功能丰富的平台系统。除了 Spring 本身，还有许多有价值的子项目。熟悉这些子项目，在合适的场景可以更好地使用 Spring。通过阅读这些子项目的源代码，可以更深入地了解 Spring 的设计架构和实现原理。

　　下面就对 Spring 的主要子项目进行介绍，以便熟悉 Spring 的各个方面。

　　（1）Spring Framework（Core）。这是 Spring 项目的核心。Spring Framework（Core）中包含 IoC 容器的设计，提供了依赖反转的功能。同时，还实现 AOP 功能，使 Spring 容器拥有了面向切面的能力。另外，在 Spring Framework（Core）中，还包含了其他 Spring 的基本模块，如 MVC、JDBC、事务处理模块的实现，通过这些模块可以把程序员从大量重复代码中解脱出来，保证代码的合理结构。

　　（2）Spring Security。提供了项目中的权限管理功能，是广泛使用的基于 Spring 的认证和安全工具，由 Acegi 框架演变而来。最早是由 Spring 的爱好者发起的安全框架，其目标是为 Spring 应用提供一个安全服务，如用户认证、授权等。Spring Security 加入到 Spring 后已经在 Acegi 原有基础上增加了许多新特性，能帮助开发人员快速搭建权限管理功能。

图 2.5　Spring 子项目

（3）Spring Web Flow。早期版本的 Spring 中，Spring Web Flow 是一个建立在 Spring MVC 基础上的 Web 工作流引擎。随着其自身项目的发展，Web Flow 比原来更为丰富、完善，逐渐发展成为 Spring 中的一个子项目。Spring Web Flow 定义了一种特定的语言来描述工作流，同时高级的工作流控制器引擎可以管理会话状态，支持 AJAX 来构建丰富的客户端体验。

（4）Spring Boot。其设计目的是用来简化新 Spring 应用的初始搭建以及开发过程。Spring 平台大量的 XML 配置以及复杂的依赖管理一直存在争议，Spring Boot 的出现使开发人员不仅不再需要编写 XML，而且在一些场景中甚至不需要编写繁琐的 import 语句。但是，Spring Boot 的目标不在于为已解决的问题提供新的解决方案，而是为平台带来另一种开发体验，从而简化对这些已有技术的使用。对于已经熟悉 Spring 的开发人员来说，Boot 是一个很理想的选择，不过对于采用 Spring 技术的新人来说，Boot 提供一种更简洁的方式来使用这些技术，降低了使用门槛。

（5）Spring Data。Spring Framework 中的数据访问模块对 JDBC 和 ORM 提供了很好的支持，随着 NoSQL 和大数据的兴起，出现了越来越多的新技术，比如非关系型数据库、MapReduce 框架，Spring Data 正是为了让 Spring 开发者能更方便地使用这些新技术而诞生的"大"项目——它由一系列小的项目组成，分别为不同的技术提供支持，例如 Spring Data JPA、Spring Data Hadoop、Spring Data MongoDB、Spring Data Redis 等。通过 Spring Data，开发者可以用 Spring 提供的相对一致的方式来访问位于不同类型数据存储中的数据。

除了新技术，Spring Data 还为传统的关系型数据库提供了很多额外的支持，让开发者能够更好地利用关系型数据库，比如对 Oracle RAC 的支持。

（6）Spring Batch。这是一款专门针对企业级系统中的日常批处理任务的轻量级框架，能够帮助开发者方便地开发出强壮、高效的批处理应用程序。

Spring Batch 对批处理任务进行了一定的抽象，它的架构可以大致分为三层，自上而下分别是业务逻辑层、批处理执行环境层和基础设施层，构建于 Spring Framework 之上，可以很好地利用 Spring 带来的各种便利，同时也为开发者提供了相对熟悉的开发体验。

很多人在了解了 Spring Batch 的流程控制和定义部分时都会将其和工作流引擎混淆在一起。针对这个问题，Spring Batch 的开发者 Josh Long（他同时也是开源工作流引擎 Activiti 的贡献者）做出了这样的解释：Spring Batch 更多地关注于大规模的批处理任务，例如它提供了很多方法来读取大型的文件（比如 1GB 的 CSV、XML 文件），在数据库中加载或更新几万甚至几十万条记录。试想，一个对大规模批处理并不熟悉的开发者很可能会直接 select 出所有记录，以至于拖垮整个系统，而使用了 Spring Batch，框架会帮助他每次捞取一部分记录进行分页，在更新时分批进行提交。

在处理大任务时，还可以根据需要将任务拆成多个部分分配到不同的服务器上进行处理，随后再整合结果。其可扩展性和灵活性由此就已可见一斑了。

（7）Spring Integration。在企业软件开发过程中，经常会遇到需要与外部系统集成的情况，这时可能会使用 EJB、RMI、JMS 等各种技术，也许会引入 ESB 实现。如果在开发时用了 Spring Framework，可以考虑 Spring Integration，它为 Spring 编程模型提供了一个支持企业集成模式（Enterprise Integration Patterns）的扩展，在应用程序中提供轻量级的消息机制，可以通过声明式的适配器与外部系统进行集成。

Spring Integration 中有 3 个基本概念：Message（带有元数据的 Java 对象）、Channel（传递消息的管道）和 Message Endpoint（消息的处理端）。在处理端可以对消息进行转换、路由、过滤、拆分、聚合等操作，更重要的是可以使用 Channel Adapter，这是应用程序与外界交互的地方，输入是 Inbound，输出是 Outbound，可选的连接类型有很多，如 AMQP、JDBC、Web Services、FTP、JMS、XMPP、多种 NoSQL 数据库等。只需通过简单的配置文件就能将所有这些东西串联在一起，实现复杂的集成工作。

（8）Spring Social。帮助 Spring 应用更方便地与各种社交网站交互，如 facebook 等。

（9）Spring Mobile。是对 Spring MVC 的扩展，旨在简化移动 Web 应用的开发。

（10）Spring for Android。用于简化 Android 原生应用程序开发的 Spring 扩展。

（11）Spring .NET。在 .NET 环境下使用 Spring 开发。

任务3　Spring 设计目标

关键知识点：

➢ 非侵入性

➢ 轻量级

　　Spring 作为框架之所以能成为主流，除了功能明确之外，还有精准的设计目标和被业界接受的理念。

　　Spring 是一个轻量级、非侵入性（non-invasive）的一站式应用开发框架（平台），目标是使应用程序代码对框架的依赖最小化，不需要在代码中体现任何 Spring 的痕迹，应用代码可以在没有 Spring 或者其他容器的情况下正常运行。

　　作为平台，Spring 抽象了大部分在应用开发中遇到的共性问题，而且作为一个轻量级应用开发框架，Spring 和传统的 J2EE 开发相比有其自身的特点，通过这些自身的特点 Spring 充分体现了它的设计理念：在 Java EE 的应用开发中支持非侵入性的 POJO 和使用 JavaBean 的开发方式，使应用面向接口开发，充分支持 OO（面向对象）的设计方法。比如，在 J2EE 应用开发中，传统的 EJB 开发需要依赖按照 J2EE 规范实现的 J2EE 应用服务器。我们的应用在设计，特别是实现时，往往需要遵循一系列的接口标准才能够在应用服务器的环境中得到测试和部署。这种开发方式使应用在可测试性和部署上都会受到一些影响。Spring 的设计理念采用了相对 EJB 而言的轻量级开发思想，即使用 POJO 的开发方式，只需要使用简单的 Java 对象或者 JavaBean 就能进行 Java EE 开发，这样开发的入门、测试、应用部署都得到了简化。

　　另一方面，在我们的应用开发中往往会涉及复杂的对象耦合关系，如果在 Java 代码中处理这些耦合关系，对代码的维护性和应用扩展性会带来许多不便。而如果使用 Spring 作为应用开发平台，通过使用 Spring 的 IoC 容器可以对这些耦合关系（对 Java 代码而言）实现一个文本化、外部化的工作，也就是说，通过一个或几个 XML 文件我们就可以方便地对应用对象的耦合关系进行浏览、修改和维护，这样可以在很大程度上简化应用开发。同时，通过 IoC 容器实现的依赖反转把依赖关系的管理从 Java 对象中解放出来，交给了 IoC 容器（或者说是 Spring 框架）来完成，从而完成了对象之间的关系解耦：原来的对象—对象的关系转化为对象—IoC 容器—对象的关系，通过这种对象—IoC 容器—对象的关系更体现出 IoC 容器对应用的平台作用。

　　在对 Spring 的应用过程中我们没有看到许多在 J2EE 开发中经常出现的技术规范，相反在 Spring 的实现中我们直接看到了许多 Java 虚拟机特性的使用，这和 Spring 提倡的 POJO 的开发理念是密不可分的，了解了这一点也可以帮助我们加深对 Spring 设计理念的认识。在 Spring 的设计中，实现 AOP 就采用了多种方式，比如它集成了 AspectJ 框架，同时也有 ProxyFactory 这种代理工厂的模式，而在代理工厂的实现中，既有直接使用 JVM 动态代理 Proxy 的实现，也有使用第三方代理类库 CGLIB 的实现。在设计上，这些特点很好地展示了 Spring 循证式开发的实用主义设计理念，这些理念和实现同时也是我们开发 Java EE 应用很好的参考。

　　在此基础上，Spring 规范了一致的编程模型，开发人员的代码结构很容易统一风格。应用直接使用 POJO 开发，与运行环境完全没有关系。

　　Spring 提倡面向接口编程，提高了代码的可重用性和可测试性。

　　Spring 引导了企业应用系统的基础架构设计，虽然作为应用平台 Spring 本身已经提供了解决方案，但并不排斥其他框架。如从 Hiberante 切换到 Mybatis 或其他 ORM 工具，从 Struts2 切换到 Spring MVC，Spring 都提供了解决方案。

所以我们在技术方案上选择使用 Spring 作为应用平台，Spring 为我们提供了这种可能性和选择，从而降低了平台锁定的风险。

任务 4　Sping 整体架构

关键知识点：
- Core Container
- Spring AOP
- Aspects
- Spring MVC
- ORM

目前 Spring3.2 版本使用人数较多，本书将以它作为讲解内容，此外还将对 Spring4.0 的新特性进行简单介绍。

1.　Spring3.2 整体架构

了解了 Spring 的相关内容后，下面介绍 Spring3.2 的整体架构，如图 2.6 所示。

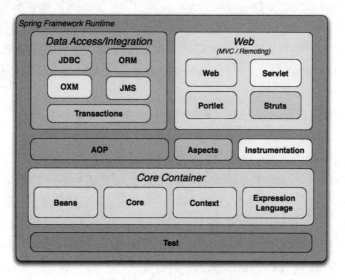

图 2.6　Spring3.2 整体架构

图中从下往上依次看将其划分为几个层次模块，如 Core Container、AOP、Data Access/Integration、Web 等模块，Spring 是封装得很清晰的一个分层架构。

下面就来逐个了解各个模块的作用。

（1）Core Container：包括了 Core、Beans、Context 和 Expression Language（EL）模块。

- ➤ Core 模块：封装了框架依赖的最底层部分，包括资源访问、类型转换及一些常用工具类。
- ➤ Beans 模块：提供了框架的基础部分，包括控制反转和依赖注入。其中 Bean Factory 是容器核心，本质是"工厂设计模式"的实现，而且无需编程实现"单例设计模式"，单例完全由容器控制，而且提倡面向接口编程，而非面向实现编程；所有应用程序对象及对象间关系由框架管理，从而真正把你从程序逻辑中解脱出来，把维护对象之间的依赖关系提取出来，所有这些依赖关系都由 BeanFactory 来维护。
- ➤ Context 模块：以 Core 和 Beans 为基础，集成 Beans 模块功能并添加资源绑定、数据验证、国际化、Java EE 支持、容器生命周期、事件传播等，核心接口是 ApplicationContext。
- ➤ EL 模块：是 Spring3.0 后加入的内容，提供强大的表达式语言支持，支持访问和修改属性值，方法调用，支持访问及修改数组、容器和索引器，命名变量，支持算术和逻辑运算，支持从 Spring 容器获取 Bean，支持列表投影、选择和一般的列表聚合等。

（2）AOP 和 Aspects。

- ➤ AOP 模块：Spring AOP 模块提供了符合 AOP Alliance 规范的面向切面的编程（Aspect-Oriented Programming）实现，提供了日志记录、权限控制、性能统计等通用功能和业务逻辑分离的技术，并且能动态地把这些功能添加到需要的代码中，这样各专其职，降低了业务逻辑和通用功能的耦合。
- ➤ Aspects 模块：提供了对 AspectJ 的集成，AspectJ 提供了比 Spring ASP 更强大的功能。

（3）Data Access/Intergration：数据操作相关的功能，包括了 JDBC、ORM、OXM、JMS、Transactions（事务）等模块。

- ➤ JDBC 模块：提供了一个 JBDC 的样例模板，使用这些模板能消除传统冗长的 JDBC 编码和必需的事务控制，而且能享受到 Spring 管理事务的好处。
- ➤ ORM 模块：提供与流行的"对象—关系"映射框架的无缝集成，包括 Hibernate、JPA、MyBatis 等，而且可以使用 Spring 事务管理，无需额外的控制事务。
- ➤ OXM 模块：提供了一个对 Object/XML 映射的实现，将 Java 对象映射成 XML 数据或者将 XML 数据映射成 Java 对象，Object/XML 映射实现包括 JAXB、Castor、XMLBeans 和 XStream。
- ➤ JMS 模块：用于 JMS（Java Messaging Service），提供一套"消息生产者、消息消费者"模板用于更加简单地使用 JMS，JMS 用于在两个应用程序之间或分布式系统中发送消息，进行异步通信。

> 事务模块：用于 Spring 管理事务，只要是 Spring 管理对象都能得到 Spring 管理事务的好处，无需在代码中进行事务控制，而且支持编程和声明性的事务管理。

（4）Web/Remoting：包含 Web、Web-Servlet、Web-Struts、Web-Portlet 模块。

> Web 模块：提供了基础的 Web 功能。例如多文件上传、集成 IoC 容器、远程过程访问（RMI、Hessian、Burlap）和 Web Service 支持，并提供一个 RestTemplate 类来提供方便的 Restful services 访问。

> Web-Servlet 模块：提供了一个 Spring MVC Web 框架实现。Spring MVC 框架提供了基于注解的请求资源注入、更简单的数据绑定、数据验证等以及一套非常易用的 JSP 标签，完全无缝地与 Spring 的其他技术协作。

> Web-Struts 模块：提供了与 Struts 的无缝集成，Struts1.x 和 Struts2.x 都支持。

> Web-Portlet 模块：在 Spring MVC 框架基础上创建 Spring 的 Portlet MVC 框架，提供了对 Portlet 应用的支持。

（5）Test：Spring 支持 Junit 和 TestNG 测试框架，而且还额外提供了一些基于 Spring 的测试功能，比如在测试 Web 框架时模拟 Http 请求的功能。

通过架构图和各模块的作用我们可以看出，其他所有模块都是建立在其核心容器（Core Container）之上的，这个核心容器实际上是一个 IoC 容器的实现。当然在最底层的模块中除了这个核心容器外，还提供了框架内部使用的各种工具类。在核心容器与工具类之上是各种轻便但功能强大的模块。

首先是 AOP 模块，AOP 可以减少很多相同代码的重复，比如数据库事务管理、系统日志管理等。

其次是 Data Access/Integration 模块，它是构建在 AOP 模块之上的，因为 Spring 事务的访问和管理是基于 AOP 完成的。这两个模块提供了数据访问的功能，但实际开发和使用中 ORM 大部分由其他框架负责，而 Spring 为各种当前流行的 ORM 框架，如 Hibernate、MyBatis 等提供了统一的集成支持方式。

Spring MVC 是一套 Spring 自带的 Web MVC 框架，使 Spring 对 Web 程序有了一个很好的支持，并且可以使用多种 Web 服务引擎，如 Velocity、CXF、XFire 等，具有很好的扩展性。

所以 Spring 不仅本身提供了非常强大的模块，还对其他框架提供了简单的集成整合方式。更重要的是，Spring 的轻量级和低耦合特性使应用系统可以方便地维护和扩展。

2. Spring4.0 新特性

Spring 每次版本升级都会有新特性加入，下面通过 Spring4.0 的架构图来了解详细情况，如图 2.7 所示。

Spring4.0 首次完全支持 Java 8 的功能，依然可以使用较早的 Java 版本，但是现在所需的最小版本已经被提升到 Java SE 6，时还利用主版本发布的机会删除了很多废弃的类和方法。

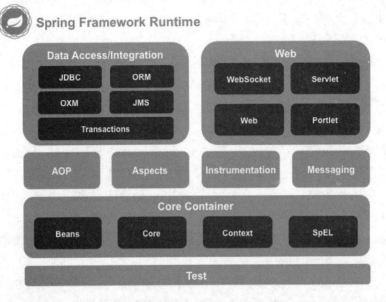

图 2.7　Spring4.0 架构图

（1）被删除的废弃包和方法。

所有被废弃的包和很多被废弃的类和方法已经从 4.0 版中删除，如果从 Spring 之前的发布版本中升级，要确保修正那些对被废弃的内容的调用，以免使用过期的 API。

（2）支持 Java 8（包括 6 和 7）。

Spring 框架 4.0 提供了对几个 Java 8 功能的支持。可以通过 Spring 的回调接口来使用 lambda 表达式和方法引用。首先支持的类是 java.time(JSR-310) 和几个已经被改造成 @Repeatable 的既存标注。还可以使用 Java 8 的参数名称发现机制（-parameters 编译标记）来对调试信息的使用进行选择性编译。

Spring 保留了与 Java 和 JDK 较早版本的兼容性。具体的是 Java SE 6（JDK 6 最小版本级别要升级到 18，这是 2010 年 2 月释放的版本）及以上版本依然是完全支持的，但是基于 Spring4.0 最新开发的项目推荐使用 Java 7 或 8。

（3）Java EE 6 和 7。

Spring 框架 4.0 使用 Java EE 6 或以上版本来作为基线，同时包含了相关的 JPA2.0 和 Servlet3.0 的规范。为了保留与 Google App 引擎和旧的应用服务的兼容性，可能要把 Spring 4.0 应用程序部署到 Servlet 2.5 环境中。

（4）使用 Groovy 的 DSL（Domain Specific Languages）来定义 Bean。

从 Spring 框架 4.0 开始，可以使用 Groovy 的 DSL 来定义外部的 Bean 配置。这有点类似使用 XML Bean 定义的概念，但是它允许使用更加简洁的语法。使用 Groovy 可以更加容易地把 bean 定义嵌入到应用程序的启动代码中。

（5）内核容器方面的改善。

下面是对核心容器的几个方面的常规改善。

➢ 现在 Spring 可以在注入 Bean 的时候处理修饰样式的泛型。例如，如果要使用 Spring 的数据资源库（Repository），就可以很容易地注入一个特定的实现：@AutowiredRepository<Customer> customerRepository。

➢ 在列表和数组中的 Bean 是可以被排序的，它同时支持 @Order 注解和 ordered 接口。

➢ 在注入点可以使用 @Lazy 注解，与 @Bean 定义一样。

➢ 引入了 @Description 注解，方便开发者使用基于 Java 的配置。

➢ 将 @Conditional 注解作为条件来过滤 Bean 的常用模式。

➢ 基于 CGLIB 的代理类不再需要默认的构造器，它通过被重新包装在内部的 Objenesis 类库来提供支持，这个类库是作为 Spring 框架的一部分来发布的。使用这种策略不再有用于代理示例调用的构造器了。

➢ 通过框架提供管理时区的支持，如 LocalContext。

（6）常用 Web 方面的改善。

部署到 Servlet2.5 依然是一个可选项，但当前的 Spring 框架 4.0 主要关注 Servlet3.0+ 环境。如果是在使用 Spring 的 MVC 测试框架，那么就需要确保在测试的类路径中有与 Servlet3.0 兼容的 JAR 包。

下面是 Spring Web 模块的常规改善。

➢ 可以在 Spring 的 MVC 应用程序中使用新的 @RestController 注解，不再需要给每个 @RequestMapping 方法添加 @ResponseBody。

➢ 添加了 AsyncRestTemplate 类，它允许在开发 REST 客户端时支持非阻塞的异步支持。

➢ 在开发 Spring MVC 应用程序时，Spring 提供了全面的时区支持。

（7）WebSocket、SockJS 和 STOMP 消息。

➢ 新的 Spring-WebSocket 模块提供了全面的基于 WebSocket 的支持，在 Web 应用程序的客户端和服务端之间有两种通信方式。它与 JSR-356 兼容，用于浏览器的 Java 的 WebSocket API 和额外提供的基于 SockJS 的回退选项（如 WebSocket 模拟器）依然不支持 WebSocket 协议（如 IE 以前的版本）。

➢ 新的 Spring-Messaging 模块添加了对 WebSocket 子协议 STOMP 的支持，它在应用程序中跟注解编程模式一起用于路由和处理来自 WebSocket 客户端的 STOMP 消息。现在一个 @Controller 就能够包含处理 HTTP 请求和来自被连接的 WebSocket 客户端的 @RequestMapping 和 @MessageMapping 方法的结果。这个模块还包含了来自 Spring 集成项目的关键抽象原型，如 Message、MessageChannel、MessageHandler 以及其他基于消息的应用的基础服务。

（8）测试的改善。

Spring 框架 4.0 中删除了 Spring-Test 模块中的废弃代码，还引入了以下几个用于单元和集成测试的新功能：

- 在 Spring-Test 模块中几乎所有的注解（如 @ContextConfiguration、@WebApp-Configuration、@ContextHierarchy、@ActiveProfiles 等）都可以使用元注解来创建个性化的组合注解并减少跨测试单元的配置成本。

- 通过简单的编程实现个性化的 ActiveProfilesResolver 接口，并且使用 @Active-Profiles 的 resolver 属性即可激活 Bean 定义的配置。

- 在 Spring-Core 模块中引入了新的 SocketUtils 类，确保可以扫描到本地主机上闲置的 TCP 和 UDP 服务端口。这个功能不是专门提供给测试的，但是在编写需要使用套接字的集成测试代码时非常有用，例如测试内存中启动的 SMTP 服务、FTP 服务、Servlet 容器等。

- 在 Spring4.0 的 org.springframework.mock.web 包中，有一组基于 Servlet3.0 API 的模拟器，此外还增强了几个 Servlet 的 API 模拟器（如 MockHttpServlet-Request、MockServletContext 等）的功能，并改善了可配置性。

 **本章总结**

本章学习了以下知识点：

- Spring 的应用场景。
  - 典型的 Spring Web 应用
  - 前端使用第三方 Web 框架
  - Remoting（远程调用）使用场景
  - 使用 EJB 包装现有的 POJO
- Spring 的主要子项目。
  - Spring Framework（Core）
  - Spring Security
  - Spring Web Flow
  - Spring Boot
  - Spring for Android
  - Spring .NET
- Spring 的设计目标。
  - 轻量级
  - 非侵入性，依赖最小化
- Spring 的整体架构。
  - Core Container 模块
  - AOP、Aspects 模块
  - Data Access/Intergration 模块

◆　Web/Remoting 模块

◆　Test 模块

本章作业

1. 简述 Spring 的应用场景及常用框架组合。
2. 简述 Spring 的设计目标。
3. 简述 Spring 的整体架构由哪些模块组成。

随手笔记

第3章

Spring 核心概念 IoC

▶ **本章重点：**

IoC/DI 工作原理
配置 Spring 使用环境
使用 Spring 编写程序
Bean 作用域

▶ **本章目标：**

了解 Spring 解耦合的原理
会使用 Spring 编写程序

本章任务

学习本章需要完成以下 4 个工作任务：

任务 1：解决代码中存在的问题
了解代码中存在耦合的情况。
使用工厂模式解耦合。

任务 2：了解 Spring IoC/DI
了解 Spring IoC/DI 的原理。

任务 3：编写 Spring 程序
掌握使用 Spring IoC/DI 编写程序的方法。

任务 4：IoC/DI 使用到的技术
了解用 Spring IoC/DI 编写程序使用到的技术。

请记录下学习过程中遇到的问题，可以通过自己的努力或访问 www.kgc.cn 解决。

任务 1　解决代码中存在的问题

关键知识点：
➢　代码依赖、耦合
➢　解耦合、工厂模式

目前学习的编程方式是 Java 中最基本的方式。对于掌握了基本语法的初学者来说，需要掌握更多的知识才能向更高级进阶。

1. 耦合的代码

（1）耦合。

Java 是面向对象的语言，当需要完成某个功能时需要编写不同的类互相协助完成工作。如在使用 MVC 模式进行三层架构设计时，通常 Java 类的调用顺序是 Web 层→业务层→持久层，也就是在 Web 层中需要创建并调用业务层对象，而在业务层中需要创建并调用持久层对象。

关键代码：

```
// StudentAction.java
//Web 层对象
public class StudentAction {
```

```
// 创建业务层对象
StudentBiz studentBiz = new StudentBiz();

public void printStudenttName(){
  // 调用业务层方法
  System.out.println(" 学生名字是： "+studentBiz.getName());
  }
}


// StudentBiz.java
// 业务层对象
public class StudentBiz {
  // 创建持久层对象
  StudentDao studentDao = new StudentDao();
  public String getName() {
  // 调用持久层方法
    return studentDao.getName();
  }
}
```

这段代码相信大家已经很熟悉了，创建 StudentBiz 和 StudentDao 对象使用的都是直接 new 的方式，此时 StudentAction 依赖于 StudentBiz，而 StudentBiz 依赖于 StudentDao。所谓依赖就是 StudentAction 如果需要调用 StudentBiz 一定要有 StudentBiz 出现，StudentBiz 如果要调用 StudentDao 一定要有 StudentDao 出现。

类之间产生依赖关系后会出现一个问题。我们知道 Java 是一种编译型的语言，编写好的 Java 文件并不能直接运行，需要把 .java 文件编译为 .class 后才能在 Java 虚拟机中执行。对 Java 源代码进行修改后就一定要重新编译才能使用。如果软件项目的 .java 文件有成百上千个，当修改某一个 .java 文件后还需要对其他有依赖关系的 .java 文件进行修改后再编译，这将大大降低软件的可维护性，增大维护成本。当 StudentBiz 的代码发生改变后，StudentAction 有可能也需要进行源代码的修改，我们将这种依赖情况称为代码的耦合。

面向接口编程是 Java 中推荐的方式，那么它能不能改善代码的耦合呢？下面来看一段代码示例。

关键代码：

```
// StudentAction.java
public class StudentAction {
  // 实现类赋值给接口
  IStudentBiz studentBiz = new StudentBiz1();
}
```

类 StudentBiz1 实现了接口 IStudentBiz，但依然存在耦合的情况。如果接口 IStudentBiz 有多个实现类，当需要调用其他实现类如 StudetnBiz2 的实例时，依然需要对 StudentAction 的源代码进行修改并重新编译。

（2）解耦合。

在编写较小的软件项目时，耦合代码的存在其实并没有太大的问题，但是当软件项目很大，包含的文件很多时，就需要对某些代码进行良好的设计，解决代码的耦合问题。类似的问题在编程语言的发展过程中还有很多，而且已经有了通用的解决方案，称为设计模式。解决耦合问题的设计模式可以使用工厂模式（Factory），下面通过一个示例来讲解如何使用工厂模式实现解耦合。

分析：耦合代码产生的原因是在类中直接使用 new 创建对象，而创建的对象有可能发生改变。使用工厂模式创建对象，可以在创建的对象发生改变时通过修改工厂类完成。

⊃ 示例 1

关键代码：

```
// IStudentBiz 接口
public interface IStudentBiz {}

// 类 StudentBiz 实现接口 IStudentBiz
public class StudentBiz implements IStudentBiz{}

// 工厂模式
public class StudentBizFactory {
  // 创建 StudentBiz
  public static IStudentBiz getInstance(){
    return new StudentBiz();
  }
}

public class StudentAction {
  // 使用工厂模式生成业务层对象，赋值给接口 IStudentBiz
  IStudentBiz studentBiz = StudentBizFactory.getInstance();
}
```

StudentBizFactory 是创建 StudentBiz 实例的工厂类，需要使用 StudentBiz 的地方可以直接使用 StudentBizFactory 进行实例的创建。此时如果 StudentBiz 发生变化，只需要调整 StudentBizFactory 的代码，而不需要对 StudentAction 的代码进行修改。

> **💬 提示：**
>
> 从面向对象编程的角度考虑，使用工厂模式能体现面向对象的思想。例如用 StudentBizFactory 创建 StudentBiz 可以理解为生产 StudentBiz 的工厂创建了 StudentBiz 对象，而用 new 创建 StudentBiz 只是 Java 语言创建对象的语法，并不能体现面向对象的思想。

使用工厂模式可以降低代码的耦合度，工厂类作为调用者和被调用者的中间环节起到了作用。StudentAction 不再靠自身的代码去获得所依赖的具体 StudentBiz 对象，而是把这一工作转交给了第三方——工厂类。但是，开发人员的工作量也相应增加了：
需要编写对应的工厂类。那么有没有更好的解决方案呢？ Spring 框架就可以很好地完
成这项工作。

任务 2　了解 Spring IoC/DI

关键知识点：

➤ Spring 的 IoC/DI

➤ IoC/DI 的工作原理

Spring 有两大核心技术：控制反转（Inversion of Control，IoC）/ 依赖注入
（Dependency Injection，DI） 和 面 向 切 面 编 程（Aspect Oriented Programming，
AOP），本任务将讲解 IoC/DI 的概念。

1. IoC/DI 概述

Spring 是一个框架集，包含了多种组件以完成不同的工作。Spring 的 IoC/DI 是最
基础的组件，它用来管理所有的 Java 类，类对象的创建和依赖关系都是由 IoC/DI 进
行控制。控制反转（IoC）和依赖注入（DI）在 Spring 中表示的是同一种意思，只是
看问题的角度不同。例如当在 A 类中 new 一个 B 类时，控制权由 A 类掌握，可以理
解为控制正转，当 A 类使用的 B 类实例由 Spring 创建时，控制权由 Spring 掌握，就
是控制反转；依赖注入可以理解为 A 类依赖于 Spring，由 Spring 注入 B 类。控制反转
是抽象的概念，只是提出了一种"控制"的方式，而依赖注入是 Spring 框架实现"控
制反转"的具体方法。

2. IoC/DI 工作原理

Spring IoC/DI 的更为直观的叫法是容器，这是因为 Spring 可以管理很多类，当需
要某一类对象的实例时，Spring 就会提供相应的实例，就像是一个容器里面可以放入
很多东西，需要什么就取什么。那么在 Spring 容器中都有什么类可以使用呢，这需要
预先定义在 Spring 的配置文件中，默认的配置文件名称是 applicationContext.xml，也
可以自定义名称。

例如在配置文件中定义了 A 类和 B 类，而 A 类中使用到了 B 类，那么在配置文
件中再定义好这种依赖关系，即可由 Spring 自动地把 B 类实例注入到 A 类中。但是，
这种注入也是有条件的，类需要符合 JavaBean 的定义规范，在 A 类中需要定义对 B
类赋值的 setter 方法。这是 Spring 对管理的类唯一的要求，不需要像 EJB 那样实现框
架本身的任何接口，也是 Spring 被称为轻量级框架的原因。

任务 3　编写 Spring 程序

关键步骤：

➢　配置 Spring 运行环境。

➢　编写功能类。

➢　编写 Spring 配置文件。

➢　编写 Spring 运行代码。

3.3.1　准备 Spring 运行环境

了解 IOC/DI 的概念和原理后，就需要对 Spring 进入配置和使用阶段了。万事开头难，开始接触 Spring 时会感觉以前很简单的事，现在需要做更多的工作。其实 Spring 配置文件看起来很繁琐，但实际上配置好一遍 Spring 后，以后只需要简单的调整即可。

1. 下载 Spring

Spring 的 jar 包可以到 Spring 官方网站进行下载，网址为 https://spring.io/，也可以直接使用搜索引擎查找下载。这里采用的是 spring-framework-3.2.17.RELEASE-dist.zip，它包含了 jar 包、源文件、文档等文件，解压缩后 libs 文件夹中的部分 jar 包是我们开发 Spring 程序必须引入的内容。libs 文件夹的内容如图 3.1 所示。

图 3.1　libs 文件夹

可以看到 jar 文件是以三个一组的方式命名，例如：

➢　spring-jdbc-3.2.17.RELEASE-sources.jar：是 JDBC 相关操作的源代码。

➢　spring-jdbc-3.2.17.RELEASE.jar：是编译好的 .class 文件，需要在编程时引入。

➢　spring-jdbc-3.2.17.RELEASE-javadoc.jar：是对应的文档。

libs 文件夹中的 jar 包表示不同的 Spring 组件，使用时可以根据需要导入需要的 jar 包。

2. 准备 Spring 环境

现在来准备 Spring 的运行环境，在 MyEclipse 中导入需要的 jar 包，如果只是使用 IoC/DI 功能，则只需要导入以下 jar 包：

➤ spring-beans-3.2.17.RELEASE.jar
➤ spring-context-3.2.17.RELEASE.jar
➤ spring-core-3.2.17.RELEASE.jar
➤ spring-expression-3.2.17.RELEASE.jar
➤ commons-logging.jar

其中 commons-logging.jar 是 Spring 依赖的日志工具，并不是 Spring 框架的组件，需要单独下载。

> 💬 提示：
>
> 在 MyEclipse 中导入 jar 包的方式有多种，最简单的方法是在工程的根路径下创建目录，把 jar 包复制到目录中，然后右击并选择 Build Path → Add to Build Path 命令加入 jar 包。

3.3.2 使用 Spring IoC/DI 实现解耦合

下面通过示例 2 来讲解如何使用 Spring IoC/DI 对示例 1 中的三层架构进行解耦合。

⇒ 示例 2

通过 Web 层→业务层→持久层的调用顺序完成输出学生姓名的功能，并使用 IoC/DI 实现解耦合。

分析：示例 1 中使用工厂模式只是部分解决了代码耦合的问题，并没有完全解决。当使用 Spring 后，可以改变的是类的创建方式，类将由 Spring 创建和维护依赖关系。Spring 是通过配置文件来实现类定义和依赖关系的，为了保证 Spring 能够正确地为属性赋值，Spring 的唯一要求是类要符合 JavaBean 的设计规范。面向接口编程，可以降低代码耦合度。

实现步骤：

（1）为业务层和持久层设计接口，声明所需的方法。

（2）编写持久层接口 IStudentDao 和实现类 StudentDao，完成获取名字的方法。

（3）编写业务层接口 IStudentBiz 和实现类 StudentBiz，在业务实现类中声明 IStudentDao 接口类型的属性，不需要赋值。这样避免了和具体的实现类耦合，并为该属性添加相应的 setter 访问方法。

（4）编写 Web 层实现类 StudentAction，在实现类中声明 IStudentBiz 接口类型的属性，不需要赋值，并添加相应的 setter 访问方法。

（5）在 Spring 的配置文件中对 Web 层实现类 StudentAction、业务层实现类

StudentBiz 和持久层实现类 StudentDao 的对象进行定义，将 StudentDao 对象赋值给 StudentBiz 对象中 IStudentDao 类型的属性，将 StudentBiz 对象赋值给 StudentAction 对象中 IStudentBiz 类型的属性。

（6）在代码中获取 Spring 配置文件中装配好的 Web 层 StudentAction 对象，实现程序功能。

> **提示：**
>
> 在为属性添加 setter 访问方法时一定要注意 JavaBean 的命名规范，否则在后续的步骤中可能导致赋值失败。

关键代码：

持久层接口和实现类的关键代码：

```java
// 持久层接口，定义了所需的持久化方法
public interface IStudentDao {
    public String getName() ;
}
```

```java
// 持久层实现类
public class StudentDao implements IStudentDao {

    @Override
    public String getName() {
        // 实际使用时这里应该是访问数据库的代码，学生名字从数据库中获取
        return " 李四 ";
    }
}
```

在业务层实现类中需要定义持久层接口 IStudentDao 类型的对象并提供相应的 setter 方法。业务层接口和实现类的关键代码：

```java
// 业务层接口，定义了所需的业务方法
public interface IStudentBiz {
    public   String getName();
}
```

```java
// 业务层实现类
public class StudentBiz implements IStudentBiz {
    // 定义持久层对象，不需要赋值
    // 由 Spring 注入实现了 IStudentDao 接口的类，达到解耦合的目的
    IStudentDao studentDao;

    @Override
    public String getName() {
        // 调用持久层方法
```

```
    return studentDao.getName();
}
// 由 Spring 调用的 setter 方法，配置文件中对应的属性是 studentDao
//setter 方法是 JavaBean 的规范
public void setStudentDao(IStudentDao studentDao) {
    this.studentDao = studentDao;
}
}
```

在 Web 层中需要定义业务层接口 IStudentBiz 类型的对象并提供相应的 setter 方法。Web 层实现类的关键代码：

```
//Web 层对象
public class StudentAction {
    // 定义业务层对象，不需要赋值；由 Spring 注入实现了 IStudentBiz 接口的类
    IStudentBiz studentBiz;

    // 由 Spring 调用的 setter 方法，配置文件中对应的属性是 studentBiz
    //setter 方法是 JavaBean 的规范
    public void setStudentBiz(IStudentBiz studentBiz) {
        this.studentBiz = studentBiz;
    }

    public void printName(){
        // 调用业务层功能
        System.out.println(studentBiz.getName());
    }
}
```

在 Spring 的配置文件 applicationContext.xml 中定义 Web 层实现类 StudentAction、业务层实现类 StudentBiz 和持久层实现类 StudentDao 的对象，将 StudentDao 对象赋值给 StudentBiz 对象中的相关属性，将 StudentBiz 对象赋值给 StudentAction 对象中的相关属性的关键代码：

```
<?xml version="1.0" encoding="UTF-8"?>
<beans xmlns="http://www.springframework.org/schema/beans"
    xmlns:xsi="http://www.w3.org/2001/XMLSchema-instance"
    xsi:schemaLocation="http://www.springframework.org/schema/beans
    http://www.springframework.org/schema/beans/spring-beans-3.0.xsd" >
    <!-- 定义 StudentDao 对象并指定 id 为 studentDao -->
    <bean
id="studentDao"
class="com.article3.example2.dao.impl.StudentDao"></bean>
<!-- 定义 StudentBiz 对象并指定 id 为 studentBiz -->
<bean id="studentBiz" class="com.article3.example2.biz.impl.StudentBiz">
<!-- 为 studentBiz 的 studentDao 属性赋值，需要注意的是这里要调用 setStudentDao() 方法 -->
    <property name="studentDao">
        <!-- 引用 id 为 studentDao 的对象为 studentBiz 的 studentDao 属性赋值 -->
```

```
    <ref bean="studentDao"/>
  </property>
</bean>
<!-- 定义 StudentAction 对象并指定 id 为 studentAction -->
<bean id="studentAction" class="com.article3.example2.action.StudentAction">
<!-- 为 studentAction 的 studentBiz 属性赋值，需要注意的是这里要调用 setStudentBiz()
方法 -->
  <property name="studentBiz">
    <!-- 引用 id 为 studentBiz 的对象为 studentAction 的 studentBiz 属性赋值 -->
    <ref bean="studentBiz"/>
  </property>
  </bean>
</beans>
```

➤ bean 标记：属性 id 表示对类进行命名，属性 class 表示定义的是哪一个类。

➤ bean 的子标记 property：属性 name 定义了对应类中的 setter 方法。

➤ property 中的子标记 ref：属性 bean 定义了需要传递给 setter 方法的实例对象。

> **📢 注意：**
>
> （1）使用 <bean> 元素定义一个组件时，需要使用 id 属性为其指定一个用来访问的名称。id 的命名需要符合 XML 中对 id 的命名规范。如果确实需要使用一些特殊字符为 bean 命名，可以使用 name 属性，name 属性没有字符上的限制。
>
> （2）Spring 为属性赋值是通过调用 setter 方法实现的，而不是直接为属性赋值。若属性名为 dao，但是 setter 方法名为 setStudentDao，Spring 配置文件中应写成 name="studentDao" 而不是 name="dao"。

在代码中获取 Spring 配置文件中装配好的业务类对象的关键代码：

```java
public class TestAction {

  /**
   * @param args
   */
  public static void main(String[] args) {
    // 使用 ApplicationContext 接口的实现类 ClassPathXmlApplicationContext 加载 Spring 配置文件
    ApplicationContext ctx = new ClassPathXmlApplicationContext("com/article3/example2/
      applicationContext.xml");
    // 通过 ApplicationContext 接口的 getBean() 方法获取 id 或 name 为 studentAction 的 Bean 实例
    StudentAction studentAction = (StudentAction)ctx.getBean("studentAction");
    // 调用 Spring 管理的 StudentAction
    studentAction.printName();



  }
}
```

> ClassPathXmlApplicationContext：根据 Java 的类路径载入配置文件，构建出 Spring 容器。

> ctx.getBean("studentAction")：通过容器得到配置文件中 id 为 "studentAction" 的类实例，同时也会把依赖的类对象也就是把 property 属性定义的对象注入。

💬 提示：

（1）除了 ClassPathXmlApplicationContext，ApplicationContext 接口还有其他实现类，例如 FileSystemXmlApplicationContext 可以用于加载 Spring 的配置文件。

（2）除了 ApplicationContext 及其实现类，还可以通过 BeanFactory 接口及其实现类对 Bean 组件实施管理。ApplicationContext 建立在 BeanFactory 的基础之上，可以对企业级开发提供更全面的支持。

代码结构如图 3.2 所示，输出结果如图 3.3 所示。

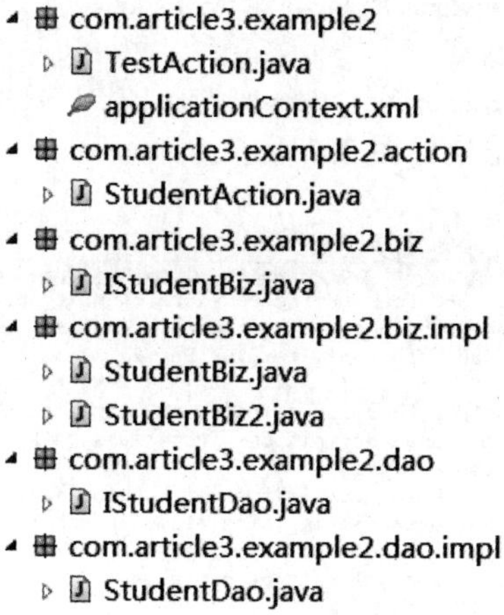

```
▲ ⊞ com.article3.example2
    ▷ Ⓙ TestAction.java
       🍃 applicationContext.xml
▲ ⊞ com.article3.example2.action
    ▷ Ⓙ StudentAction.java
▲ ⊞ com.article3.example2.biz
    ▷ Ⓙ IStudentBiz.java
▲ ⊞ com.article3.example2.biz.impl
    ▷ Ⓙ StudentBiz.java
    ▷ Ⓙ StudentBiz2.java
▲ ⊞ com.article3.example2.dao
    ▷ Ⓙ IStudentDao.java
▲ ⊞ com.article3.example2.dao.impl
    ▷ Ⓙ StudentDao.java
```

图 3.2　代码结构

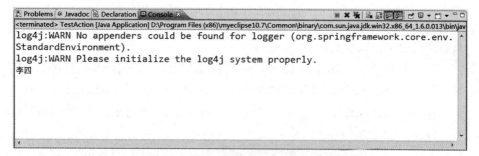

图 3.3　示例 2 的输出结果

Spring 起到了作用，输出了学生姓名。我们还看到了警告信息，提示 log4j 属性文件不存在，这是因为 log4j 是 Spring 框架中使用的日志工具，熟悉日志信息将对学习 Spring 起到很大的作用。

3.3.3 使用 Spring IoC/DI 相关说明

1. 使用 log4j

log4j 是 Spring 框架开发过程中的日志工具，不仅对错误异常有显示作用，还可以让我们对 Spring 的启动运行有更深刻的认识。下面我们加入 log4j.property 属性文件，Spring 默认加载 classpath 根目录中的文件。

关键代码：

// 定义日志级别为 INFO，输出为 stdout

log4j.rootLogger=INFO, stdout

// 定义 stdout 的输出位置是控制台

log4j.appender.stdout=org.apache.log4j.ConsoleAppender

// 定义 stdout 的输出信息格式布局

log4j.appender.stdout.layout=org.apache.log4j.PatternLayout

// 定义 stdout 的输出信息格式

log4j.appender.stdout.layout.ConversionPattern=%d %p [%c] - %m%n

再次运行示例 2，输出结果如图 3.4 所示。

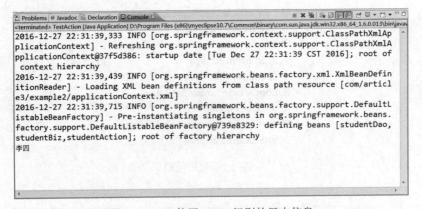

图 3.4　log4j 使用 INFO 级别的日志信息

从日志信息中可以看到：

➢ 第 1 条 INFO 日志：显示使用 ClassPathXmlApplicationContext 加载配置文件。

➢ 第 2 条 INFO 日志：显示加载的配置文件是 applicationContext.xml。

➢ 第 3 条 INFO 日志：显示对 ID 为 studentDao、studentBiz、studentAction 的 bean 的预处理。

说明 Spring 在对 bean 加载之前需要对配置文件进行检测，以保证 bean 定义正确。

2. 面向接口编程

前面已经多次提到 Spring 提倡使用接口进行程序设计，那么它能给我们带来什么好处呢？试想一下，示例 2 中如果 StudentBiz 类已经无法满足我们的功能需求，那么可以编写一个新的类实现 IStudentBiz 接口，然后只需要修改配置文件 application-Context.xml，指定 studentAction 依赖于新的类，这样就不需要对 studentAction 的源代码进行重新修改和编译了。

关键代码：

```java
// StudentBiz2 实现接口 IStudentBiz
package com.article3.example2.biz.impl;
import com.article3.example2.biz.IStudentBiz;
public class StudentBiz2 implements IStudentBiz {
    @Override
    public String getName() {
     return " 李四 ";
     }
}
```

```xml
//applicationContext.xml
// 定义 StudentBiz2
  <bean id="studentBiz2" class="com.article3.example2.biz.impl.StudentBiz2">
</bean>
  <bean id="studentAction" class="com.article3.example2.action.StudentAction">
    <property name="studentBiz">
      <ref bean="studentBiz2"/>
    </property>
  </bean>
```

现在借助于 Spring 框架我们终于把代码耦合的问题解决了，对被依赖的类使用接口进行定义，而具体使用哪个子类由 Spring 进行控制管理。所以 Spring 的思想是把类作为组件使用，各个组件间只需要定义接口，而具体的实现可以进行灵活的注入处理。对于中大型项目来说，就是每个开发人员只需要针对接口进行编程，在测试使用时只需要在配置文件中定义好，如果需要修改代码，也不会对其他人的代码产生影响，减少了开发和维护的成本。

3. Bean 的作用域

Spring 的配置文件中可以指定 Bean 的作用域，前面代码中没有指定，默认是单例模式，也就是多次调用同一个类时返回的都是唯一的实例对象，并不会每次调用都生成一个新的对象。

关键代码：

```java
public class TestAction {
  public static void main(String[] args) {
    ApplicationContext ctx = new ClassPathXmlApplicationContext("applicationContext.xml" );
    StudentAction studentAction = (StudentAction)ctx.getBean("studentAction");
    StudentAction studentAction2 = (StudentAction)ctx.getBean("studentAction");
    System.out.println(studentAction==studentAction2);
  }
}
```

执行结果：

true

通过 Spring 得到两次 studentAction 对象，最后比较的结果是 true，说明它们是同一个实例。使用单例的优点是容器中只有唯一的实例存在，节省了内存资源。使用单例的情况适用于类本身没有定义自己的属性，不需要每个实例有自己的特征。

在配置文件的 bean 标签中可以加入 scope 属性，由它来决定实例的作用域，当值是 prototype 时，每次获取的都是一个新的对象实例。

关键代码：

//applicationContext.xml
<bean id="studentAction" class="com.article3.example2.action.StudentAction" scope="prototype">

此时再执行上面的测试代码，运行的结果是 false，说明是不同的实例，这种作用域适用于类需要有自己的属性值。它对应的设计模式是工厂模式，每次都是生成新的实例。设计模式在我们学习的时候可能不容易掌握，但是在使用框架后，很多模式已经被内置到了框架中，很容易就可以实现，而这些基本的思想是不会变的。具体使用哪种作用域需要根据实际需要进行设计调整。

对于 bean 的作用域还有其他几种设置，如表 3-1 所示。

表 3-1　bean 的作用域

类别	说明
singleton	单例，容器中仅有一个共享实例
prototype	每次容器生成一个新的实例
request	每次 Http 请求都创建一个新的实例
session	同一个 Http Session 共享一个实例
global session	同一个全局 Session 共享一个实例

后面的三种作用域在编写 Web 程序时才会用到，在此不作讲解。

任务 4　IoC/DI 使用到的技术

关键知识点：

➢　JDOM

➢　反射机制

Spring 是如何实现类加载和依赖注入的呢？在 Spring 中是使用 JDOM 和反射机制实现的，本任务将模拟 Spring 的实现方式。

1．JDOM

JDOM 是对 XML 文件进行解析的技术，Spring 的配置文件 applicationContext.xml 就是由 JDOM 进行解析，它可以提取出 XML 文件中定义的标签和属性值。

下面通过示例 3 来讲解如何使用 JDOM 对 XML 文件进行解析。

⊃ 示例 3

使用 jdom-2.0.5.jar 解析 XML 文件，读取关键信息。

关键代码：

自定义 XML 文件，XML 文件关键代码：

```
<!-- 自定义的 XML 文件，使用 JDOM 解析内容 -->
<beans>
  <bean id="studentBiz" class="com.StudentBiz">
    <property name="studentDao">
      studentDao
    </property>
  </bean>
</beans>
```

使用 JDOM 解析属性值关键代码：

```
// XML 文件路径
    String path = "src/com/article3/example3/applicationContext.xml";
    // 用于创建文档对象
    SAXBuilder sb = new SAXBuilder();
    // 构造的 XML 文档对象
    Document doc;
    try {
      // 创建文档对象
      doc = sb.build(path);
      // 得到文档的根元素 <beans>
      Element root = doc.getRootElement();
      // 得到文档的所有 <bean> 元素
      List list = root.getChildren("bean");
      // 遍历 <bean>
      for (int i = 0; i < list.size(); i++) {
        Element element = (Element) list.get(i);
        // 得到 <bean> 的 id 属性值
        String id = element.getAttributeValue("id");
        // 得到 <bean> 的 class 属性值
        String classValue = element.getAttributeValue("class");
        // 得到 <bean> 子元素 <property>
        Element propertyElement = element.getChild("property");
        // 得到 <property> 的 name 属性值
        String propertyName = propertyElement.getAttributeValue("name");
        // 得到 <property> 的内容
        String propertyText = propertyElement.getText();
```

```
        System.out.println("id=" + id);
        System.out.println("class=" + classValue);
        System.out.println("  propertyName=" + propertyName);
        System.out.println("  propertyText=" + propertyText);
    }
} catch (JDOMException e) {

    e.printStackTrace();
} catch (IOException e) {
    e.printStackTrace();
}
```

输出结果如图 3.5 所示。

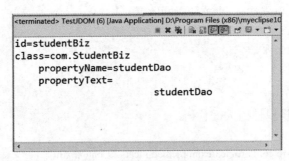

图 3.5　示例 3 的输出结果

通过输出结果可以看出，使用 JDOM 可以解析出 XML 中定义的属性值和元素的内容。Spring 也是使用类似的方式实现配置文件的解析功能，获取 id、class 等数据。

2. 反射机制

对配置文件中的类名使用反射机制可以实现类的加载初始化等工作，也可以调用类的方法进行属性注入。

下面通过示例 4 来讲解如何使用反射机制。

⊃ 示例 4

分析：java.lang.reflect 提供了反射相关的所有工具，可以使用字符串创建类实例和调用方法。

关键代码：

```
// 表示 IStudentDao 接口全路径的字符串
String iDaoStr = "com.article3.example2.dao.IStudentDao";
// 表示 IStudentBiz 接口全路径的字符串
String iBizStr = "com.article3.example2.biz.IStudentBiz";
// 表示 StudentDao 类全路径的字符串
String daoStr = "com.article3.example2.dao.impl.StudentDao";
// 表示 StudentBiz 类全路径的字符串
String bizStr = "com.article3.example2.biz.impl.StudentBiz";
// 表示 StudentAction 类全路径的字符串
```

```
String actionStr = "com.article3.example2.action.StudentAction";
// 表示 setStudentBiz 方法的字符串
String setBizStr = "setStudentBiz";
// 表示 setStudentDao 方法的字符串
String setDaoStr = "setStudentDao";

try {
    // 使用全路径的字符串加载 IStudentDao 类别
    Class iDaoClass = Class.forName(iDaoStr);
    // 使用全路径的字符串加载 IStudentBiz 类别
    Class iBizClass = Class.forName(iBizStr);
    // 使用全路径的字符串加载 StudentDao 类别
    Class daoClass = Class.forName(daoStr);
    // 使用全路径的字符串加载 StudentBiz 类别
    Class bizClass = Class.forName(bizStr);
    // 使用全路径的字符串加载 StudentAction 类别
    Class actionClass = Class.forName(actionStr);
    //setStudentDao 方法签名，使用类别获取 setStudentDao 方法
    Method setDaoMethod =bizClass.getMethod(setDaoStr, iDaoClass);
    //setStudentBiz 方法签名，使用类别获取 setStudentBiz 方法
    Method setBizMethod =actionClass.getMethod(setBizStr, iBizClass);
    // 创建 StudentDao 对象，相当于 new StudentDao()，但返回的是 Object 对象
    Object dao = daoClass.newInstance();
    // 创建 StudentBiz 对象，相当于 new StudentBiz()，但返回的是 Object 对象
    Object biz = bizClass.newInstance();
    // 创建 StudentAction 对象，相当于 new StudentAction()，但返回的是 Object 对象
    Object action = actionClass.newInstance();
    // 使用反射机制调用 StudentBiz 的 setStudentDao 方法，参数是 StudentDao 对象
    setDaoMethod.invoke(biz, dao);
    // 使用反射机制调用 StudentAction 的 setStudentBiz 方法，参数是 StudentBiz 对象
    setBizMethod.invoke(action, biz);
    // 调用 StudentAction 的 printName 方法
    ((StudentAction)action).printName();

} catch (Exception e) {
    e.printStackTrace();
}
```

输出结果如图 3.6 所示。

示例 4 中使用表示类路径的字符串使用反射机制创建对象和调用方法，与使用 Spring 把类定义在配置文件中的处理方式相同。

结合示例 3 和示例 4 我们对实现 Spring 的技术有了一定的认识，为后续学习打下了良好的基础。

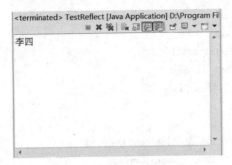

图 3.6　示例 4 的输出结果

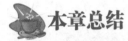 本章总结

本章学习了以下知识点：
➢　什么是耦合的代码。
➢　工厂模式。
➢　Spring IoC/DI 工作原理。
➢　Spring 的使用过程。
◆　编写功能类。
◆　编写 Spring 配置文件。
◆　编写测试类。
➢　Bean 的作用域。
◆　singleton
◆　prototype
➢　Spring 的相关技术。
◆　JDOM
◆　反射机制

本章作业

使用 Spring 实现 MVC 设计模式的组件调用，调用流程是 UserAction → UserBiz → UserDao，要求 biz 和 dao 使用接口的方式实现。

第4章

Spring 核心概念 AOP

▶ **本章重点：**

代理模式
AOP 术语和种类
编写 Spring AOP 程序

▶ **本章目标：**

掌握 Spring AOP 的相关术语
会使用 Spring AOP 编写程序

本章任务

学习本章需要完成以下 3 个工作任务：

任务 1：掌握代理模式
了解代理模式的机制，以便对 AOP 的掌握。

任务 2：AOP 相关概念
了解 AOP 的相关术语和种类。

任务 3：编写 Spring AOP 程序
掌握使用 Spring AOP 编写程序的方法。

请记录下学习过程中遇到的问题，可以通过自己的努力或访问 www.kgc.cn 解决。

任务 1　掌握代理模式

关键知识点：

➢　代理模式

代理模式

上一章我们学习了 IoC/DI 的使用方式，讲到 Spring 中使用了单例模式和工厂模式实现容器的效果。本章将讲解 Spring 的另一个核心概念 AOP，它使用到了代理模式，本任务将讲解代理模式的编写方式，以帮助我们理解后面要讲到的 AOP。

编写代理模式

在实际生活中，我们经常会碰到"代理"这样的词汇，比如代理律师。当我们要去打一场官司时，就可以去请一个代理律师，由他去法庭辩护，而我们就被称为被代理人。那么为什么要由律师来打官司呢？这是因为被代理人发生了某些事情产生了这场官司，而打官司需要专业的法律知识，代理律师具有这些法律知识。在打官司的过程中，代理律师完全可以代表被代理人的意愿，而被代理人不需要有任何的法律知识，只需要把事情的经过描述清楚。这是我们生活中的"代理模式"，在进行程序设计时也会有类似的情况发生。如类的方法需要完成某项功能（被代理方），但是在使用时有可能要添加其他的功能（法律知识），但对于被代理方来说，新添加的功能并不是它一定要具有的功能，这时就可以使用代理模式（Proxy）。

编写程序时，经常要编写一些日志处理的功能，以便于对代码进行测试和维护，而这些日志实际上和方法的功能并没有关系，这时就可以使用代理模式进行处理。下面我们通过示例 1 来讲解代理模式的使用。

◐ 示例 1

使用代理模式实现业务功能的日志处理。

分析：接口和类的关系如图 4.1 所示，代理类 StudentProxy 和被代理类 Student 都实现了 IStudent 接口。

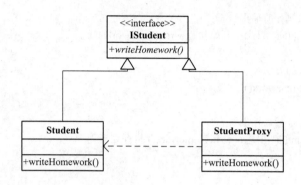

图 4.1　代理模式

关键代码：
```
// 定义代理和被代理类的接口
public interface IStudent {

    public void writeHomework();
}

// 被代理类 Student 实现接口 IStudent
public class Student implements IStudent {

    // 被代理的方法
    @Override
    public void writeHomework() {

        System.out.println(" 我是张三，我在写作业 ");

    }

}

// 代理类实现接口 IStudent
public class StudentProxy implements IStudent{

    // 被代理的接口

    private IStudent student;

    public StudentProxy(IStudent student) {
```

```
        this.student = student;
    }
    // 代理方法
    @Override
    public void writeHomework() {

        // 被代理方法执行前输出日志
        System.out.println(" 日志：开始执行 writeHomework()");

        // 调用被代理的方法
        student.writeHomework();

        // 被代理方法执行后输出日志
        System.out.println(" 日志：writeHomework() 执行完毕 ");
    }

}

        // 测试使用
        // 定义被代理类
        IStudent student = new Student();

        // 直接执行被代理类的方法
        student.writeHomework();

        System.out.println("\n 以下是使用代理类 ");

        // 定义代理类，被代理类对象作为参数
        IStudent studentProxy = new StudentProxy(student);
        // 调用代理类的方法

        studentProxy.writeHomework();
```

执行结果如图 4.2 所示。

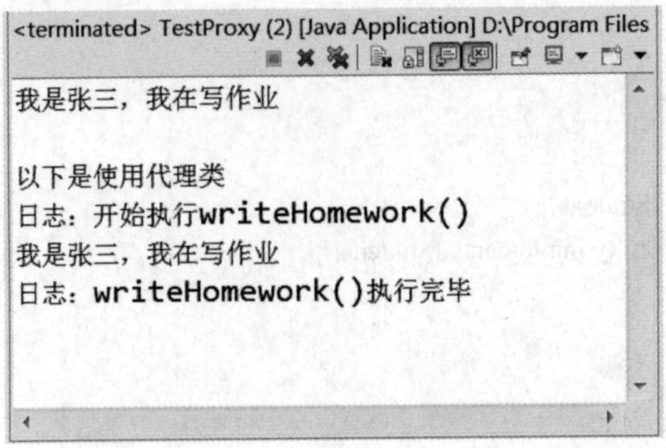

图 4.2　示例 1 的执行结果

定义了接口 IStudent，被代理类 Student 和代理类 StudentProxy 都实现了接口 IStudent，在 StudentProxy 中定义了被代理的接口 IStudent 并在实现的方法中加入了日志内容。在测试类中使用时，使用 StudentProxy 输出了带有日志输出的方法。这段代码的目标就是，在不修改被代理类 Student 的前提下对它加入日志的功能，而日志完全是由代理类 StudentProxy 进行控制，做到了业务功能和日志功能的有效分隔。当有其他附加功能需要添加时，如方法的操作权限，只需要按同样的方式再编写权限的代理类。

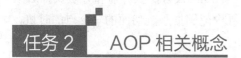

任务 2　AOP 相关概念

关键知识点：
- ➤　AOP 相关术语
- ➤　Spring AOP 种类

Spring AOP 使用的是代理模式实现，本任务将讲解 AOP 的相关概念。

1. AOP 概述

在编写程序时有很多通用的行为需要实现，如日志、权限等。前面使用的代理模式把原本的功能方法进行了切割，然后把通用的行为插入到切割的位置，面向切面编程（AOP）就是在描述这种方式，如图 4.3 所示。

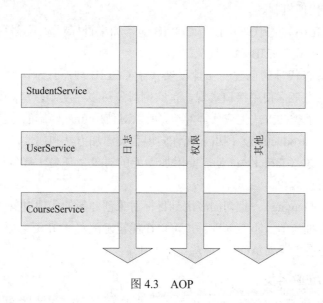

图 4.3　AOP

从图中可以看出，在业务功能代码不改变的情况下相应的位置插入了附加的行为代码。

2．AOP 术语

在框架中使用 AOP，因为涉及的术语很多，所以首先要了解术语再进行框架的学习。常用术语如下：

➢ 增强／通知（Advice）：它定义了在指定连接点上采取的动作。在任务 1 代理模式的代码中，日志处理就是对业务类作了增强处理。日志代码表示增强。Spring 的切面可以应用 5 种类型的增强：Before（方法执行前）、After（方法执行后，不论方法执行是否成功）、After-returning（方法成功执行后）、After-throwing（方法抛出异常后执行）和 Around（方法执行前和方法执行后）。

➢ 连接点（Joinpoint）：是在程序执行过程中能够插入到切面的一个点的时机，可以是在调用方法时、抛出异常时产生。

➢ 切入点（Pointcut）：切入点的作用是告诉 AOP 怎样定位连接点，可以使用正则表达式定义。任务 1 的代理模式中 Student 的 writeHomework() 方法调用前后和异常产生就是切入点。

➢ 切面（Aspect）：是增强与切入点的结合，表示一个完整的 AOP 代理操作，任务 1 的代理类就是一个切面。

上面是 AOP 的关键术语，下面再介绍几个在 AOP 使用中可能接触到的术语。

➢ 代理（Proxy）：AOP 使用的是代理方式。Spring AOP 实现代理的方式有两种：JDK 动态代理和 CGLIB 动态代理。

◆ JDK 动态代理：利用 JDK 自带的反射包 java.lang.reflect.Proxy 实现 JDK 动态代理，要求目标对象必须实现接口，Spring AOP 会自动根据接口实现代理机制。

◆ CGLIB 动态代理：使用 CGLIB 包，如果目标对象不是用接口实现，会默认使用 CGLIB 动态代理。

JDK 动态代理的创建对象速度要优于 CGLIB 动态代理，对于需要多实例对象的情况优先考虑使用接口实现，单实例对象可以不实现接口。另外，CGLIB 采用动态创建子类的方式生成代理对象，所以对使用 final 修饰的方法不能进行代理。

➢ 引入（Introduction）：引入允许向现有类添加方法和属性。

➢ 目标对象（Target）：是需要附加功能的对象，任务 1 代理模式中的 Student 就是目标对象。

➢ 织入（Weaving）：把切面应用到目标对象创建新的代理对象的过程称为织入。

术语是非常抽象的，不容易理解，可以在能正确配置 AOP 运行后再回过头来看它们的含义，这将有助于对 AOP 的理解。

3．Spring AOP 种类

Spring AOP 并不是面向切面编程的唯一框架，目前流行的还有 AspectJ 和 JBoss AOP 框架，框架之间也互相协作改进，Spring 提供了以下 4 种 AOP 的支持方式：

➢ 基于代理的经典 AOP：是早期版本的 Spring 实现 AOP 的方式，因为后面几种方式的出现，它显得过于复杂，现在已经很少被使用。

➢ 纯 POJO 切面：在配置文件中声明简单明了，易于初学者对 AOP 各种术语的
理解，是本章介绍的方式。

➢ @AspectJ 注解驱动的切面：在类或接口中使用注解声明可以简化配置文件，
在后续章节中进行讲解。

➢ 注入式 AspectJ 切面：是功能最强大的一种方式，前三种方式只能局限于方
法的拦截，而借助 AspectJ 切面可以实现对构造方法和属性的拦截。

任务 3　编写 Spring AOP 程序

关键步骤：

➢ 编写功能类和附加功能。

➢ 配置增强、切入点、切面。

➢ 编写 Spring 运行代码。

4.3.1　配置 Spring AOP

了解了 Spring AOP 的概念后即可对其进行编程使用，本任务将演示 AOP 的使用
过程并介绍使用中的一些关键问题。

1. AOP 相关标签

在学习 Spring IoC/DI 后，我们知道 Spring 是非侵入式的设计，依靠配置文件创建
依赖关系。AOP 其实也是在不修改业务类的前提下增强业务功能，但需要在配置文件
中进行设置。下面就来看一下 AOP 在配置文件中相应标签是如何使用的。

在配置文件头中加入对 AOP 标签的支持，需要引入 AOP 标签头。

关键代码：

```
<?xml version="1.0" encoding="UTF-8"?>
<beans xmlns="http://www.springframework.org/schema/beans"
  xmlns:aop="http://www.springframework.org/schema/aop"
  xmlns:xsi="http://www.w3.org/2001/XMLSchema-instance"
  xsi:schemaLocation="http://www.springframework.org/schema/beans
    http://www.springframework.org/schema/beans/spring-beans-3.0.xsd
    http://www.springframework.org/schema/aop
    http://www.springframework.org/schema/aop/spring-aop-3.0.xsd" >
```

下面给出 AOP 中各个标签的含义。

➢ <aop:config>：在这个标签中定义 AOP 相关的内容。

➢ <aop:pointcut>：定义切入点，属性 expression 设置表达式条件，根据条件

筛选出来的方法将作为切入点。如：<aop:pointcut expression="execution(* com.article4.example2.biz.*.*(..))" id="pointcut"/>。"execution(* com.article4. example2.biz.*.*(..))" 的含义是使用 execution 指示器指定后面的方法，第一个 "*" 表示不关心方法的返回类型，包名 biz 后面是两个 ".*"，表示 biz 包 下的所有类的所有方法，"(..)"表示对传入方法的参数没有要求。所以它的 含义是把 biz 包下所有类的所有方法都作为切入点。

➢ <aop:aspect>：定 义 切 面，如：<aop:aspect ref="logManager">。属 性 ref= "logManager" 指定使用哪个 bean 进行功能增强。

➢ <aop:before>：定义增强，这是前置增强，在目标对象方法执行前执行。 method="addBeforeLog" 指定使用哪个方法进行增强，这个方法是在 <aop: aspect> 中使用 ref 定义的 bean 的方法。pointcut-ref="pointcut" 指定增强的切 入点，值是前面定义的切入点的 id 属性。

➢ <aop:after>：定义后置增强，在目标对象方法执行后执行。

➢ <aop:around>：定义环绕增强，在目标对象方法执行前和执行后执行。

➢ <aop:after-throwing>：定义异常增强，在目标对象方法产生异常后执行。

2. 使用 AOP 前置、后置增强日志

编写示例 2 以讲解 AOP 的使用。

➲ 示例 2

同示例 1，依然使用日志对功能类进行增强。

分析：使用 Spring AOP，任务 1 中的代理模式由 Spring 提供，业务功能类和日志 功能类之间的代理关系由 Spring 配置文件维护。

关键步骤：

（1）在 MyEclipse 中引入 Spring AOP 相关的 jar 包。

➢ spring-aop-3.2.1.RELEASE.jar

➢ com.springsource.org.aopalliance-1.0.0.jar

➢ com.springsource.org.aspectj.weaver-1.6.8.RELEASE.jar

➢ spring-aspects-3.2.1.RELEASE.jar

（2）编写业务类代码。

（3）编写日志类代码。

（4）编写配置文件。

（5）编写测试代码。

关键代码：

业务类的关键代码：

```
// 功能业务类 StudentBiz
package com.article4.example2.biz;
public class StudentBiz {
```

```
public void printName(){
    System.out.println(" 张三 ");
}
}
```

日志类的关键代码：

```
// 日志功能类 LogManager
package com.article4.example2;
public class LogManager {
  // 在执行业务方法前执行的日志
  public void addBeforeLog(){
    System.out.println("LogManager：addBeforeLog() 方法执行前加入日志内容 ");
  }
  // 在执行业务方法后执行的日志
  public void addAfterLog(){

    System.out.println("LogManager：addAfterLog() 方法执行后加入日志内容 ");
  }
}
```

　　业务功能类 StudentBiz 没有特殊的处理，没有任何侵入性的代码；增强的日志功能类 LogManager 也没有侵入性的代码，LogManager 中有两个方法：一个用于在目标对象方法执行前执行，一个用于在目标对象方法执行后执行。

　　在 Spring 配置文件中对这两个类进行定义。

　　Spring 配置业务类和增强类关键代码：

```
<bean id="logManager" class="com.article4.example2.LogManager" >
</bean>

<bean id="studentBiz" class="com.article4.example2.biz.StudentBiz" >
</bean>
```

在配置文件中配置 AOP 的使用。

Spring 配置 AOP 关键代码：

```
// 配置文件，加入对 AOP 标签的支持
<?xml version="1.0" encoding="UTF-8"?>
<beans xmlns="http://www.springframework.org/schema/beans"
    xmlns:aop="http://www.springframework.org/schema/aop"
    xmlns:xsi="http://www.w3.org/2001/XMLSchema-instance"
    xsi:schemaLocation="http://www.springframework.org/schema/beans
    http://www.springframework.org/schema/beans/spring-beans-3.0.xsd
    http://www.springframework.org/schema/aop
    http://www.springframework.org/schema/aop/spring-aop-3.0.xsd" >

  <!-- 开始 AOP 配置 -->
  <aop:config>
    <!-- 配置切入点，com.article4.example2.biz 下的所有类方法作为切入点 -->
```

```
<aop:pointcut expression="execution(* com.article4.example2.biz.*.*(..))"
    id="pointcut"/>

<!-- 切面 1，配置前置增强 -->
<aop:aspect ref="logManager">
    <!-- 配置前置增强，logManager 的 addBeforeLog 方法在切入点 pointcut 执行 -->
    <aop:before method="addBeforeLog" pointcut-ref="pointcut"/>
</aop:aspect>

<!-- 切面 2，配置后置增强 -->
<aop:aspect ref="logManager">
    <!-- 配置后置增强，logManager 的 addAfterLog 方法在切入点 pointcut 执行 -->
    <aop:after method="addAfterLog" pointcut-ref="pointcut"/>
</aop:aspect>
</aop:config>
```

现在编写测试代码。

测试关键代码：

```
public static void main(String[] args) {
    ApplicationContext ctx =
    new ClassPathXmlApplicationContext("com/article4/example2/applicationContext.xml");
    StudentBiz studentBiz = (StudentBiz)ctx.getBean("studentBiz");
    studentBiz.printName();
}
```

执行结果：

LogManager：addBeforeLog() 方法执行前加入日志内容
张三
LogManager：addAfterLog() 方法执行后加入日志内容

从执行结果中可以看出，前置和后置日志已经添加成功，Spring AOP 自动根据配置文件中的 AOP 配置为目标对象织入了日志功能。其中后置增强不管目标方法执行是否成功都会执行。

3. AOP 增强方式

Spring AOP 的增强方式还有 Around、After-throwing 和 After-returning。

➤ Around：是环绕增强，在目标方法执行前后进行增强。

➤ After-throwing：是有异常发生时增强。

➤ After-returning：与 After 的区别是目标对象方法必须成功执行后才能增强，而 After 不管执行是否成功都会增强，如果目标方法执行过程中发生异常，After-returning 是执行不到的。

下面来看一下它们是如何使用的。

（1）Around。

环绕增强需要使用 ProceedingJoinPoint 接口，它由 Spring 自动注入，包含连接点相关的所有信息，如目标对象、目标方法、参数等。

编写示例 3，完成环绕增强。

⊃ 示例 3

同示例 2，使用日志对功能类进行环绕增强。

分析：使用环绕增强，日志类需要使用 ProceedingJoinPoint 执行目标方法，业务类和日志类之间的代理关系由 Spring 配置文件维护。

日志类关键代码：

```
public class LogManager {

    //ProceedingJoinPoint 包含连接点的所有相关信息
    public void addAroundLog(ProceedingJoinPoint joinpoint){
    System.out.println(" 调用的类对象是："+joinpoint.getTarget());
    System.out.println(" 调用的方法是："+joinpoint.getSignature());
    System.out.println(" 调用的方法参数是："+joinpoint.getArgs());

    System.out.println(joinpoint.getSignature()+" 方法执行前加入日志内容 ");
    // 调用业务类的方法，本示例是 StudentBiz 的 printName() 方法
    try {
      joinpoint.proceed();
    } catch (Throwable e) {

      e.printStackTrace();
    }

    System.out.println(joinpoint.getSignature()+" 方法执行后加入日志内容 ");
  }
}
```

ProceedingJoinPoint 的几个重要方法如下：

➢　proceed()：执行连接点的方法，本示例是执行 StudentBiz 的 printName() 方法。

➢　getTarget()：返回目标对象，本示例是 StudentBiz 对象。

➢　getSignature()：返回目标方法，本示例是 printName() 方法。

➢　getArgs()：返回目标方法的实际参数。

配置文件关键代码：

```
<!-- 日志功能类 -->
<bean id="logManager" class="com.article4.example3.LogManager" >
</bean>

<!-- 业务功能类 -->
<bean id="studentBiz" class="com.article4.example3.biz.StudentBiz" >
</bean>

<!--AOP 配置 -->
<aop:config>
<!-- 定义切点为 com.article4.example2.biz 下面的所有类方法 -->
```

```
    <aop:pointcut expression="execution(* com.article4.example3.biz.*.*(..))"
        id="pointcut"/>
      <!-- 定义切面 -->
    <aop:aspect ref="logManager">
      <!-- 定义环绕增强，logManager 中的 addAroundLog 方法用于增强切入点 pointcut -->
      <aop:around method="addAroundLog" pointcut-ref="pointcut"/>


    </aop:aspect>

  </aop:config>
```

与前置、后置的区别是使用 `<aop:around>` 定义环绕增强。

测试关键代码：

```
public static void main(String[] args) {

    ApplicationContext ctx =
    new ClassPathXmlApplicationContext("com/article4/example3/applicationContext.xml");
    StudentBiz studentBiz = (StudentBiz)ctx.getBean("studentBiz");
    studentBiz.printName();
  }
```

执行结果：

调用的类对象是：com.article4.example3.biz.StudentBiz@b035079
调用的方法是：void com.article4.example3.biz.StudentBiz.printName()
调用的方法参数是：[Ljava.lang.Object;@1f758500
void com.article4.example3.biz.StudentBiz.printName() 方法执行前加入日志内容
张三
void com.article4.example3.biz.StudentBiz.printName() 方法执行后加入日志内容

环绕增强是借助 ProceedingJoinPoint 执行目标方法，在执行目标方法前后进行附加功能的处理。

ProceedingJoinPoint 是 Spring AOP 自动生成注入的对象，包含了连接点的相关信息。在其他增强方式中如果需要使用连接点的相关信息，需要使用 ProceedingJoinPoint 的父接口 JoinPoint，JoinPoint 没有执行目标方法的功能。

（2）After-throwing。

异常发生时增强，与前置、后置增强的使用方式相似，获取连接点信息可以使用 JoinPoint。

编写示例 4，完成异常增强。

⊃ 示例 4

使用日志对功能类进行异常增强。

日志类关键代码：

```
public class LogManager {

    // 异常发生时增强，连接点可以使用 JoinPoint 获取信息，它不包含执行目标方法的方法
    public void addThrowsLog(JoinPoint joinpoint){
```

```
      // 只有异常发生时才能执行此方法中的代码
      System.out.println(joinpoint.getSignature()+" 方法发生异常后加入日志内容 ");
   }

}
```

业务类中我们抛出一个异常，使 AOP 生效。

业务类关键代码：

```
// 使用 throws 抛出异常
  public void printName() throws Exception{

    System.out.println(" 张三 ");
    // 抛出异常，使 AOP 生效
    throw new Exception(" 业务类抛出异常 ");
  }
```

配置文件关键代码：

```
  <bean id="logManager" class="com.article4.example4.LogManager" >
  </bean>

  <bean id="studentBiz" class="com.article4.example4.biz.StudentBiz" >
  </bean>

  <!-- 异常增强  <aop:config>-->
  <aop:config>
    <!-- 定义切入点 -->
    <aop:pointcut expression="execution(* com.article4.example4.biz.*.*(..))"
      id="pointcut"/>
    <!-- 定义切面 -->
    <aop:aspect ref="logManager">
      <!--  <aop:after-throwing> 定义异常产生时增强 -->
      <aop:after-throwing method="addThrowsLog" pointcut-ref="pointcut"/>
    </aop:aspect>

  </aop:config>
```

执行结果：

```
张三
void com.article4.example4.biz.StudentBiz.printName() 方法发生异常后加入日志内容
调用测试方法时产生异常

java.lang.Exception: 业务类抛出异常
  at com.article4.example4.biz.StudentBiz.printName(StudentBiz.java:9)
```

（3）After-returning。

与 After 的区别是目标对象方法必须成功执行后才能增强，而 After 不管执行是否成功都会增强，如果目标方法执行过程中发生异常，After-returning 是执行不到的。

编写示例 5，完成 After-returning 增强。

⊃ 示例5

对功能类进行 After-returning 增强。

关键代码：

日志类关键代码：

```
public class LogManager {
    //after-returning 增强，目标方法正常执行后才能增强
    public void addAfterReturningLog(JoinPoint joinpoint){

        System.out.println(joinpoint.getSignature()+" 方法执行成功后加入日志内容 ");
    }
}
```

业务类关键代码：

```
public class StudentBiz {

    public void printName(){
        System.out.println(" 张三 ");

        // 抛出异常，after-returning 增强失效
        throw new RuntimeException(" 业务类抛出运行时异常 ");
    }
}
```

配置文件关键代码：

```
<bean id="logManager" class="com.article4.example5.LogManager" >
</bean>

<bean id="studentBiz" class="com.article4.example5.biz.StudentBiz" >
</bean>

<aop:config>
    <aop:pointcut expression="execution(* com.article4.example5.biz.*.*(..))"
        id="pointcut"/>
    <aop:aspect ref="logManager">
        <!-- <aop:after-returning 目标方法执行成功后增强 -->
        <aop:after-returning method="addAfterReturningLog" pointcut-ref="pointcut"/>
    </aop:aspect>
</aop:config>
```

执行结果 1：

```
Exception in thread "main" 张三
java.lang.RuntimeException: 业务类抛出运行时异常
    at com.article4.example5.biz.StudentBiz.printName(StudentBiz.java:8)
```

把业务类中的抛异常代码删除后再执行。

业务类关键代码：

```
public void printName(){
    System.out.println(" 张三 ");
```

```
    // 抛出异常，after-returning 增强失效
    //throw new RuntimeException(" 业务类抛出运行时异常 ");
  }
```

执行结果 2:

张三

void com.article4.example5.biz.StudentBiz.printName() 方法执行成功后加入日志内容

对比执行结果 1 和 2，目标方法成功执行后日志类被执行，目标方法抛异常日志类不被执行。

通过前面的学习我们知道 Spring AOP 有 5 种增强方式：Before、After、After-returning、After-throwing、Around。其 中 Around 是 最 特 殊 的 一 种，必 须 使 用 ProceedingJoinPoint 的 proceed() 方法对目标方法执行并获取连接点信息，通过它的使用方式我们也可以在某些情况下用它替代前置或后置增强单独使用。

其他几种增强方式使用方法基本相同，使用 JoinPoint 获取连接点信息，目标方法由 Spring AOP 自动调用，而增强的代码在相应定义处调用。

切入点和切面可以定义多个，可以为切面定义不同的切入点。

4. 引入（Introduction）

增强是对现有方法进行的功能增强。Spring AOP 中还有一种称为引入的方式，它可以为类增加新的方法。引入是定义新的接口和方法，AOP 通过配置文件把原有的类加入新接口的实现。

下面我们通过示例 6 来讲解怎样使 Bean 引入新的接口。

⊃ 示例 6

使类 StudentBiz 具有 IHello 接口的方法。

关键代码:

业务接口和类关键代码:

```
// 业务类接口
public interface IStudentBiz {
  public void printName();
}
// 业务实现类
public class StudentBiz implements IStudentBiz{

  public void printName(){
    System.out.println(" 张三 ");
  }
}
```

引入的类和接口关键代码:

```
// 新功能接口
public interface IHello {
  public void sayHello();
}
```

```
// 新功能实现类
public class Hello implements IHello {

  @Override
  public void sayHello() {
    System.out.println(" 大家好！ ");

  }

}
```

配置文件关键代码：

```
<bean id="hello" class="com.article4.example6.biz.Hello" >
</bean>

<bean id="studentBiz" class="com.article4.example6.biz.StudentBiz" >
</bean>

<aop:config>

  <aop:aspect>
  <!-- 1.types-matching="com.article4.example6.biz.IStudentBiz+ 后面要有 "+" 号，定义了实现
      了此接口的 bean 都将以父接口的方式生成代理类，studentBiz 只能以接口接收。
      2.implement-interface="com.article4.example6.biz.IHello"，匹配 IStudentBiz 的 bean 将实现
      IHello 接口。
      3.delegate-ref="hello"，具体使用接口 IHello 的那个实现类引入，"hello" 是 bean 的 id
  -->

    <aop:declare-parents  types-matching="com.article4.example6.biz.IStudentBiz+"
    implement-interface="com.article4.example6.biz.IHello"
    delegate-ref="hello"
    />

  </aop:aspect>
</aop:config>
```

在配置文件中：

- ➤ <aop:aspect>：定义切面与增强不同，不需要使用 ref 属性指定 bean。
- ➤ <aop:declare-parents>：用于定义引入。
- ➤ types-matching="com.article4.example6.biz.IStudentBiz+"：表示实现了接口 IStudentBiz 的子类将被作引入操作，本实例是 StudentBiz 对象。注意后面要有一个 "+" 号。
- ➤ implement-interface="com.article4.example6.biz.IHello"：types-matching 中定义的对象将实现接口 Ihello。
- ➤ delegate-ref="hello"：定义实现了接口 IHello 的实现类，"hello" 是 bean 的 ID。

调用代码：

```
ApplicationContext ctx = new ClassPathXmlApplicationContext("com/article4/example6/
```

applicationContext.xml");
// 载入 studentBiz，因为使用了 AOP 的引入，会生成代理对象，必须用接口接收
IStudentBiz studentBiz = (IStudentBiz)ctx.getBean("studentBiz");
studentBiz.printName();
//AOP 引入使 studentBiz 实现了 IHello 接口
IHello hello = (IHello)studentBiz;
hello.sayHello();

> 💬 提示：
>
> 　　（1）配置文件中 id 为 studentBiz 的类是 com.article4.example7.biz.StudentBiz，但使用 AOP 引入后，ctx.getBean("studentBiz") 得到的是 Object 类型的对象，需要使用接口 IStudentBiz 接收，否则报错。
> 　　（2）引入操作使 studentBiz 可以转型为 IHello 并调用其中的方法。

执行结果：
张三
大家好！

4.3.2　经典 AOP

早期 Spring 中使用的是基于代理的经典 AOP 方式，它的使用与示例 1 中的代理模式非常相似，故此得名。在此我们编写示例 7 来讲解它的使用方法。

➲ 示例 7

分析：经典 AOP 是侵入式的编码方式，需要实现 Spring AOP 的相应接口。
关键代码：
业务类关键代码：

```
public void printName(){
    System.out.println(" 张三 ");

}
```

前置和后置类关键代码：

```
// 前置增强，需要实现 MethodBeforeAdvice 接口
public class BeforeLog implements MethodBeforeAdvice {

    // 目标方法执行前执行 before()
    @Override
    public void before(Method method, Object[] args, Object target)throws Throwable {
        System.out.println(" 目标方法："+method);
        System.out.println(" 目标方法参数："+args);
        System.out.println(" 目标对象："+target);
        System.out.println(" 方法执行前加入日志内容 ");
```

```
      }

   }

// 后置增强，需要实现 AfterReturningAdvice 接口
public class AfterLog implements AfterReturningAdvice {
   // 目标方法执行后执行 afterReturning()
   @Override
   public void afterReturning(Object returnValue, Method method, Object[] args,
      Object target) throws Throwable {
      System.out.println(" 目标方法："+method);
      System.out.println(" 目标方法参数："+args);
      System.out.println(" 目标对象："+target);
      System.out.println(" 目标方法执行后返回的值 ");
      System.out.println(" 方法执行后加入日志内容 ");

   }
}
```

配置文件关键代码：
```
<bean id="beforeLog" class="com.article4.example7.BeforeLog" ></bean>
<bean id="afterLog" class="com.article4.example7.AfterLog" ></bean>
<bean id="studentBiz" class="com.article4.example7.biz.StudentBiz" />


<!-- 配置代理工厂 bean -->
<bean id="studentBizProxy" class="org.springframework.aop.framework.ProxyFactoryBean" >
     <!-- 指定被代理的 bean，ref 引用 bean 的 id -->
     <property name="target" ref="studentBiz"></property>
     <!-- 指定织入的功能 bean，<value> 中是 bean 的 id -->
     <property name="interceptorNames">
       <list>
         <value>beforeLog</value>
         <value>afterLog</value>
       </list>
     </property>
</bean>
```

测试关键代码：
```
public static void main(String[] args) {
   ApplicationContext ctx = new ClassPathXmlApplicationContext("com/article4/example7/
   applicationContext.xml");

      // 载入配置文件中的代理对象 studentBizProxy
   StudentBiz studentBizProxy = (StudentBiz)ctx.getBean("studentBizProxy");
   studentBizProxy.printName();
}
```

执行结果：

目标方法：public void com.article4.example7.biz.StudentBiz.printName()

目标方法参数：[Ljava.lang.Object;@470b9279

目标对象：com.article4.example7.biz.StudentBiz@5ff3ce5c

　方法执行前加入日志内容

张三

目标方法：public void com.article4.example7.biz.StudentBiz.printName()

目标方法参数：[Ljava.lang.Object;@470b9279

目标对象：com.article4.example7.biz.StudentBiz@5ff3ce5c

目标方法执行后返回的值

　方法执行后加入日志内容

示例 7 中使用了前置和后置增强，都需要实现 Spring 接口，在配置文件中使用代理工厂实现。其他几种增强也是这种侵入式的方式。

经典 AOP 因为需要依赖 Spring，目前在实践中很少被采用，读者只需要简单了解即可，需要时再进行深入学习。

本章总结

本章学习了以下知识点：

➤　代理模式。

➤　AOP 术语和种类。

➤　JDK 动态代理和 CGLIB 动态代理。

➤　Spring AOP 的使用过程。

◆　编写功能类。

◆　编写 Spring 配置文件。

◆　编写测试类。

本章作业

1. 使用代理模式模拟权限和日志功能的代理方式。
2. 使用 Spring AOP 模拟权限和日志的代理方式。

随手笔记

第5章

Spring 应用扩展

本章重点：

多配置文件
装配多种数据类型
使用注解装配

本章目标：

掌握多配置文件
掌握注解 IoC 和 AOP

本章任务

学习本章需要完成以下 3 个工作任务:

任务 1: Spring 多配置文件
使用多配置文件分类整理 bean。

任务 2: Spring 装配方式
了解多种数据类型的装配。

任务 3: Spring 注解
掌握使用注解实现 IoC 和 AOP 的方法。

请记录下学习过程中遇到的问题, 可以通过自己的努力或访问 www.kgc.cn 解决。

任务 1   Spring 多配置文件

关键知识点:
- ➤ 使用多配置文件
- ➤ ID 和 Name 的区别

前面讲 Spring 时只使用了一个配置文件, 但在实际使用中用到的 bean 会很多, 使得配置文件非常不利于阅读和修改,本任务将讲解如何使用多配置文件来进行优化。

1. 多配置文件使用方式

使用多配置文件可以有效地对 bean 进行分类划分, 如业务 bean 都放到 service-Context.xml 中, 而 DAO 的 bean 可以放到 daoContext.xml 中, 日志等附加功能可以放到其他配置文件中。

加载多配置文件可以采用以下 3 种方式:

(1) 使用 ClassPathXmlApplicationContext 加载配置文件, 使用字符串数组作为参数的构造方法, 分别指定各个配置文件。

关键代码:

```
ApplicationContext ctx = new ClassPathXmlApplicationContext(
    new String[]{"com/article5/example1/serviceContext.xml",
        "com/article5/example1/daoContext.xml"});
```

(2) 使用通配符作为 ClassPathXmlApplicationContext 的路径字符串, 避免写多个配置文件的路径。

关键代码：

```
 ApplicationContext ctx =
new ClassPathXmlApplicationContext("com/article5/example1/*Context.xml");
```

这种方式比较实用，不同的配置文件只需要使用 * 通配符即可对以"Context.xml"结尾的配置文件进行加载，但是需要统一配置文件的命名方式。

（3）在配置文件中可以使用 import 标签导入其他配置文件。

allContext.xml 关键代码：

```
<import resource="serviceContext.xml"/>
<import resource="daoContext.xml"/>
```

allContext.xml 中导入了另两个配置文件，然后 ClassPathXmlApplicationContext 只加载 allContext.xml 就是对所有配置文件进行了加载。

下面通过示例 1 来讲解多配置文件使用 <import resource> 加载的方式。

➲ 示例 1

加载主配置文件 allContext.xml，在 allContext.xml 中使用 <import resource> 导入持久层和业务层配置文件。

关键代码：

持久层和业务层类关键代码：

```
// 持久层类
public class UserDao {
  // 持久层方法
  public String getName() {

    return " 王五 ";
  }
}


// 业务层类
public class UserBiz  {
  // 持久层 Dao
  UserDao userDao;

  // 使用 setter 方法注入持久层 Dao
  public void setUserDao(UserDao userDao) {
    this.userDao = userDao;
  }
  // 业务层方法
  public String getName() {
    // 调用持久层方法
    return userDao.getName();
  }

}
```

持久层和业务层配置文件关键代码：

```
//daoContext.xml
```

```
<!-- 定义持久层 bean -->
  <bean id="userDao" class="com.article5.example1.dao.impl.UserDao" ></bean>

//serviceContext.xml
<!-- 定义业务层 bean -->
  <bean id="userBiz" class="com.article5.example1.biz.impl.UserBiz" >
    <!-- 注入持久层 bean -->
    <property name="userDao">
        <ref bean="userDao"/>
    </property>
  </bean>
```

主配置文件关键代码：

```
//allContext.xml

<!-- 导入 serviceContext.xml 和 daoContext.xml-->
  <import resource="serviceContext.xml"/>
  <import resource="daoContext.xml"/>
```

<import> 中使用的是相对路径，allContext.xml 与 serviceContext.xml 和 daoContext.xml 在同一路径下。

测试关键代码：

```
// 加载 allContext.xml
ApplicationContext ctx = new ClassPathXmlApplicationContext("com/article5/example1/allContext.xml");
UserBiz userBiz = (UserBiz)ctx.getBean("userBiz");
System.out.println(userBiz.getName());
```

执行结果：

王五

提示：

使用多配置文件可以对 bean 进行有效的分类管理，推荐在实践中使用。

2. id 和 name

在 Spring 配置文件中定义 bean，前面使用的都是 id 属性，bean 还有一个 name 属性，它也可以用于标识 bean，相当于 bean 的别名。name 属性可以为 bean 起多个别名，如 name="userDao1,userDao2"，以 "," 分隔，使用任何一个都可以实现对 bean 的引用。当 bean 不存在 id 属性时，name 属性的第一个名称默认是 id 属性值。如果 id 和 name 属性都没有定义，也可以使用类全名对类进行引用。

下面通过示例 2 来讲解 id、name 和没有 id、name 的 bean 定义的情况。

➔ 示例 2

修改示例 1 的持久层配置，使用 log4j 观察 Spring 对 bean 的载入。

关键代码：

持久层配置文件关键代码：

```
<!-- 定义持久层 bean，使用 id 作为标识 -->
<bean id="userDaoID" class="com.article5.example2.dao.impl.UserDao" ></bean>
<!-- 定义持久层 bean，使用 name 作为标识，如果不定义 id，则自动以第一个名作为标识，
使用其他名也可以引用 -->
<bean name="userDaoName1,userDaoName2" class="com.article5.example2.dao.impl.UserDao" >
</bean>
<!-- 定义持久层 bean，不使用 id 和 name 作为标识，自动使用类全名作为标识 -->
<bean class="com.article5.example2.dao.impl.UserDao" ></bean>
```

业务层配置文件关键代码：

```
<ref bean="userDaoID"/>

      <ref bean="userDaoName1"/>

      <ref bean="com.article5.example2.dao.impl.UserDao"/>
```

使用这 3 种标识都可以实现对象的注入。

> **提示：**
>
> （1）同一个 Spring 配置文件中，不同的 bean 之间的 id、name 是不能重复的，否则 Spring 容器启动时会报错。
> （2）如果一个 Spring 容器从多个配置文件中加载配置信息，则多个配置文件中是允许有同名 bean 的，并且后面加载的配置文件中的 bean 定义会覆盖前面加载的同名 bean。
> （3）在实践中建议尽量使用 id 命名 bean，避免 name 的不确定性造成程序中出现错误。

执行结果：

```
Pre-instantiating singletons in org.springframework.beans.factory.support.
    DefaultListableBean- Factory@e49d67c: defining beans [userBiz,userDaoID,userDaoName1,com.
    article5.example2.dao.impl.UserDao#0]; root of factory hierarchy
王五
```

执行后通过 log4j 日志可以看到 userDaoID、userDaoName1、com.article5.example2.dao.impl.UserDao 这些 bean 标识被定义成功。

任务 2　装配方式

关键知识点：

➢ 多种数据类型的装配方式。
➢ 构造方法装配方式。

> ➢ p 标签装配。
> ➢ 自动装配。

5.2.1 装配多种类型数据

Spring 的 IoC 除了可以注入在配置文件中定义的 bean，还可以注入其他多种类型数据，本任务就来讲解相关内容。

1. 装配简单值

在配置文件中使用 <property> 标签可以注入 bean 的属性，还可以注入简单的数据类型，如 int、float、String 等。

下面通过示例 3 来讲解简单类型数据的注入方式。

● 示例 3

使用 <property> 标签注入 int、String、float 型数据。

关键代码：

bean 关键代码：

```
public class SimpleDataType {
  //int 型数据
  public int dataInt;
  //String 型数据
  public String dataString;
  //float 型数据
  public float dataFloat;
  //int 型数据 setter 方法
  public void setDataInt(int dataInt) {
    this.dataInt = dataInt;
  }
  //String 型数据 setter 方法
  public void setDataString(String dataString) {
    this.dataString = dataString;
  }
  //float 型数据 setter 方法
  public void setDataFloat(float dataFloat) {
    this.dataFloat = dataFloat;
  }
}
```

> 💬 提示：
>
> 注入的属性必须有对应的 setter 方法，Spring 实际上是调用 setter 方法进行值的注入。

配置文件关键代码：

```
<bean id="simpleDataType" class="com.article5.example3.SimpleDataType">
    <!-- 注入 String 型数据 -->
    <property name="dataString" value="I am String"/>
    <!-- 注入 int 型数据 -->
    <property name="dataInt" value="111"/>
    <!-- 注入 float 型数据 -->
    <property name="dataFloat" value="222.2"/>

</bean>
```

> ●提示：
>
> 　　属性 value 的值由 Spring 自动判断转换类型，转型失败则报错。

2. 装配 List、Set 和 Array

使用 <list> 标签可以注入一个或多个值，而类中对应的属性可以是数组类型或 java.util.Collection 接口的任意实现。

下面通过示例 4 来讲解 List、Set、Array 的注入方式。

● 示例 4

使用 <list> 标签注入 List、Set、Array 型数据。

关键代码：

bean 关键代码：

```
public class DataType {
    //List 集合，包含 Integer 型数据
    List<Integer> dataList;
    //String 数组
    String[] dataArray;
    //Set 集合，包含 Float 型数据
    Set<Float> dataSet;
    //List 集合 setter 方法
    public void setDataList(List<Integer> dataList) {
        this.dataList = dataList;
    }
    //String 数组 setter 方法
    public void setDataArray(String[] dataArray) {
        this.dataArray = dataArray;
    }
    //Set 集合 setter 方法
    public void setDataSet(Set<Float> dataSet) {
        this.dataSet = dataSet;
    }

}
```

配置文件关键代码：

```xml
<bean id="dataType" class="com.article5.example4.DataType">
  <!-- 注入 List -->
  <property name="dataList">
    <list>
        <value>111</value>

        <value>222</value>

    </list>
  </property>
  <!-- 注入数组 -->
  <property name="dataArray">
    <list>
        <value>test arrayData 1</value>

        <value>test arrayData 2</value>
    </list>
  </property>
  <!-- 注入 Set -->
  <property name="dataSet">
    <list>
        <value>11.1</value>

        <value>22.2</value>
    </list>
  </property>

</bean>
```

<value> 标签中是集合或数组注入的值，由 Spring 自动转换类型。

> 提示：
>
> 可以在 <list> 里面使用 <ref bean=""/> 注入定义的 bean。

测试关键代码：

```java
ApplicationContext ctx = new ClassPathXmlApplicationContext
      ("com/article5/example4/applicationContext.xml");
DataType dataType = (DataType)ctx.getBean("dataType");
// 输出使用 <list> 注入的 String 数组
  for(String str : dataType.dataArray){
    System.out.println(" 数组中的 String 型数据： "+str);
  }
// 输出使用 <list> 注入的 int 型的 List 集合
  for(int data : dataType.dataList){
    System.out.println("List 中的 int 型数据： "+data);
```

```
    }
// 输出使用 <list> 注入的 float 型的 Set 集合
    for(float data : dataType.dataSet){
        System.out.println("Set 中的 float 型数据: "+data);
    }
```

执行结果:

数组中的 String 型数据: test arrayData 1

数组中的 String 型数据: test arrayData 2

List 中的 int 型数据: 111

List 中的 int 型数据: 222

Set 中的 float 型数据: 11.1

Set 中的 float 型数据: 22.2

3. 装配 Map 和 Properties

对 java.util.Map 类型的属性也可以注入,使用的是标签 <map>。

⊃ 示例 5

使用 <map> 标签注入数据。

关键代码:

bean 关键代码:

```
    //Map 集合
    Map<Integer,Integer> dataMap;
    //Properties 集合
    Properties dataProp;
    public void setDataMap(Map<Integer, Integer> dataMap) {
        this.dataMap = dataMap;
    }
    public void setDataProp(Properties dataProp) {
        this.dataProp = dataProp;
    }
```

💬 提示:

　　Map 的键和值可以是任意类型,Properties 的键和值只能是 String 型。

配置文件关键代码:

```
<bean id="dataType" class="com.article5.example5.DataType">
    <!-- 注入 Map -->
    <property name="dataMap">
        <map>
            <entry key="1" value="111"/>

            <entry key="2" value="222"/>
        </map>
    </property>
```

```
<!-- 注入 Properties，键和值必须是 String 型 -->
<property name="dataProp">
  <props>
      <prop key="key1">test prop1</prop>
      <prop key="key2">test prop2</prop>
    </props>
</property>

</bean>
```

使用 <entry> 定义 map 的键和值，使用了 key 和 value 属性，还可以使用 key-ref 和 value-ref 指定注入的 bean。如果键和值都确定是使用 String 型数据，还可以使用标签 <props> 指定，类中的属性可以是 java.util.Properties。

测试关键代码：

```
ApplicationContext ctx = new ClassPathXmlApplicationContext("com/article5/example5/
    applicationContext.xml");
    DataType dataType = (DataType)ctx.getBean("dataType");

    // 遍历 map
    for (Map.Entry<Integer, Integer> entry : dataType.dataMap.entrySet()) {

        System.out.println("Key = " + entry.getKey() + ", Value = " + entry.getValue());

    }
    // 遍历 properties
    for (Map.Entry entry : dataType.dataProp.entrySet()) {

        System.out.println("Key = " + entry.getKey() + ", Value = " + entry.getValue());
```

执行结果：

```
Key = 1, Value = 111
Key = 2, Value = 222
Key = key2, Value = test prop2
Key = key1, Value = test prop1
```

5.2.2　构造方法装配

对于有参构造方法，也可以在配置文件中进行参数注入，使用的标签是 <constructor-arg>。

下面通过示例 6 来讲解构造方法装配。

⊃ 示例 6

使用 <constructor-arg> 标签注入构造方法参数。

关键代码：

bean 关键代码：

```
String name;
int age;
// 有参构造方法，参数由 Spring 注入
public DataType(String name, int age) {
    this.name = name;
    this.age = age;
}
@Override
public String toString() {
    return "DataType [name=" + name + ", age=" + age + "]";
}
```

配置文件关键代码：

```xml
<bean id="dataType" class="com.article5.example6.DataType">
    <!-- 构造方法参数，不使用 index 时，参数顺序和构造方法定义顺序必须一致 -->
    <constructor-arg value="Tom"></constructor-arg>
    <constructor-arg value="11"></constructor-arg>

</bean>
```

构造方法中定义了两个参数，就需要两个 <constructor-arg> 标签进行参数注入，顺序与构造方法定义参数顺序相同。还有一个 index 属性，用于定义注入构造方法时的顺序索引，以 0 开始，使用 index 后 <constructor-arg> 的注入顺序由 index 值确定。另外，使用 ref 属性也可以对 bean 进行注入。

> 💬 提示：
>
> bean 的构造方法可能存在多个，Spring 会自动匹配参数个数和类型相同的进行调用。除了 index 属性还有 type 属性，进行构造方法注入时建议保留无参构造方法。

测试代码：

```java
ApplicationContext ctx = new ClassPathXmlApplicationContext
    ("com/article5/example6/applicationContext.xml");
DataType dataType = (DataType)ctx.getBean("dataType");

    System.out.println(dataType);
```

执行结果：

```
DataType [name=Tom, age=11]
```

从执行结果可以看出，Spring 成功注入了构造方法参数。

5.2.3　p 标签装配

前面对属性使用 <property> 引入，Spring 还提供了一种更简洁的标签 <p>，它们是等价的。首先要在配置文件中引入命名空间 xmlns:p="http://www.springframework.

org/ schema/p，然后可以用 <p> 代替 <property>，减少了代码量，也使配置文件看起来更加简洁。

下面我们使用 <p> 标签来改写示例 3 的配置文件。

示例 3 关键代码：

```
<bean id="simpleDataType" class="com.article5.example3.SimpleDataType">
    <property name="dataString" value="I am String"/>
    <property name="dataInt" value="111"/>
    <property name="dataFloat" value="222.2"/>
  </bean>
```

使用 <p> 修改关键代码：

```
<bean id="simpleDataType " class="com.article5.example3.SimpleDataType"
    p:dataFloat="222.2"
    p:dataInt="111"
    p:dataString="I am String"
  >
  </bean>
```

使用 <p> 标签后代码量较少，其中 "p:" 后面跟着的是属性名称，如果需要注入 bean，则还要加入 "-ref"，如 p:userBiz-ref= "userBizBean "，表示属性 userBiz 需要注入 userBizBean。

任务 3　使用注解实现 IoC 和 AOP 的配置

关键步骤：

➢　使用 <context:component-scan/> 开启自动检测装配 IoC。
➢　使用 <aop:aspectj-autoproxy> 开启注解 AOP。
➢　使用 @Service 和 @Repository 声明类。
➢　使用注解声明 AOP。

5.3.1　注解装配 IoC

前面学习的内容是基于配置文件实现 IoC 和 AOP，Spring2.5 后还提供了使用注解的方式，把配置文件中的定义转移到了具体的类中。

1．使用 @Autowired

注解 @Autowired 是一种自动装配的方式。Spring 默认不开启注解装配，需要在配置文件中加入 context 命名空间，使用 <context:annotation-config/> 可以开启自动注解装配。然后在属性、方法、构造方法上使用 @Autowired 声明自动装配，Spring 会使用匹配属性类型的 bean 自动装配。

下面通过示例 7 来讲解 @Autowired 的使用方式。

○ 示例 7

使用 @Autowired 自动装配 bean 属性、方法和构造方法参数。

关键代码：

被注入的 bean 关键代码：

```java
public class UserDao1 {
  public String getName(){
    return "name=UserDao1";
  }
}
public class UserDao2 {
  public String getName(){
    return "name=UserDao2";
  }
}
public class UserDao3 {
  public String getName(){
    return "name=UserDao3";
  }
}
```

bean 关键代码：

```java
public class UserBiz {
  // 自动装配属性，按属性类型装配
  @Autowired
  UserDao1 userDao1;

  UserDao2 userDao2;

  UserDao3 userDao3;
  // 自动装配构造方法，按参数类型装配
  @Autowired
   public UserBiz(UserDao2 userDao2) {
    this.userDao2 = userDao2;
  }
  // 自动装配方法，按参数类型装配
  @Autowired
  public void setUserDao3(UserDao3 userDao3) {
    this.userDao3 = userDao3;
  }

  public void printDao (){
    System.out.println(userDao1.getName());
    System.out.println(userDao2.getName());
    System.out.println(userDao3.getName());
  }
}
```

> **提示：**
>
> （1）在属性上使用 @Autowired 时，不需要编写对应的 setter 方法。
>
> （2）在方法上使用 @Autowired 时，并不要求方法名是符合 JavaBean 规范的 setter 方法，可以是任意的方法名，只要参数和 bean 类型相同就可以自动装配。

配置文件关键代码：

```xml
<?xml version="1.0" encoding="UTF-8"?>
<beans xmlns="http://www.springframework.org/schema/beans"
    xmlns:context="http://www.springframework.org/schema/context"
    xmlns:xsi="http://www.w3.org/2001/XMLSchema-instance"
    xsi:schemaLocation="http://www.springframework.org/schema/beans
    http://www.springframework.org/schema/beans/spring-beans-3.0.xsd
        http://www.springframework.org/schema/context
        http://www.springframework.org/schema/context/spring-context-3.0.xsd">
<!-- 开启注解 -->
<context:annotation-config/>
<!-- 定义 bean，不需要使用 <property> 或 <p> 注入 bean-->
    <bean id="userBiz" class="com.article5.example7.UserBiz"/>
    <bean id="userDao1" class="com.article5.example7.UserDao1"/>
    <bean id="userDao2" class="com.article5.example7.UserDao2"/>
    <bean id="userDao3" class="com.article5.example7.UserDao3"/>
</beans>
```

配置文件中只需要定义 bean，不需要指定注入的属性，与使用 default-autowire="byType" 的情况相同。

测试代码：

```java
ApplicationContext ctx = new ClassPathXmlApplicationContext
    ("com/article5/example7/applicationContext.xml");
UserBiz userBiz = (UserBiz)ctx.getBean("userBiz");
userBiz.printDao();
```

执行结果：

```
name=UserDao1
name=UserDao2
name=UserDao3
```

默认情况下，@Autowired 要求标注的属性或参数必须是可装配的，否则会抛出异常，当使用 @Autowired(required=false) 时可以在匹配不到合适的 bean 时赋给属性 null 值。

如果属性是接口类型，@Autowired 并不能判断出具体要注入哪一个实现类，需要使用注解 @Qualifier 指定具体的 bean 标识，如：

```java
@Autowired
@Qualifier("dao1")
private Dao dao;
```

其中"dao1"是 Spring 配置文件中定义的 bean 的 id，它实现了 Dao 接口。

2.　自动检测 bean

前面使用 <context:annotation-config/> 完成了 Spring 的自动装配，但仍然要在配置文件中定义 <bean> 标签。Spring 中还有另一个替代标签 <context:component-scan/>，除了完成 <context:annotation-config/> 的自动装配工作，还可以自动检测 bean 和定义 bean，使用后配置文件中的 <bean> 标签也可以省略。需要在 bean 中使用注解声明组件，常用的组件注解如下：

> @component：通用的组件注解，标识该类为 Spring 组件。所有需要 Spring 管理的 bean 都可以使用它声明，但因为不利于 bean 分类管理，已经逐渐被放弃使用。

> @Controller：在 Spring 的 MVC 中使用，用于标识控制器。

> @Service：声明该类为服务。

> @Repository：声明该类为数据仓库用于标识持久层的类。

Spring 对这几种组件注解都能识别，与使用 <bean> 定义 bean 作用相同，使用多种组件注解的目的是对 bean 进行分类管理。

下面通过示例 8 来讲解如何使用 <context:component-scan/> 定义 bean 和 bean 的自动装配。

⊃ 示例 8

使用注解定义持久层和业务层 bean，实现 bean 的自动装配。

关键代码：

持久层 bean 关键代码：

```
import org.springframework.stereotype.Repository;
// 声明持久类 UserDao 是 Spring 的 Repository( 数据仓库 ) 组件
@Repository
public class UserDao{
  public String getName() {
    return " 王五 ";
  }
}
```

业务层 bean 关键代码：

```
import org.springframework.stereotype.Service;
// 声明业务类 UserBiz 是 Spring 的 Service 组件
@Service
public class UserBiz {
  // 自动装配 UserDao
  @Autowired
  UserDao userDao;
  // 业务方法
  public String getName() {
```

```
        return userDao.getName();
    }
}
```

配置文件关键代码:

```
<!-- 检测 com.article5.example8 包中的类，被注解 @Service、@Repository、@Controller、
    @component 标注的类作为 Spring 的 bean 定义，与用 <bean> 定义作用相同。使用
    @Autowired 注入的属性也会被自动装配，与使用 <context:annotation-config/> 作用相同 -->
    <context:component-scan base-package="com.article5.example8"/>
```

配置文件中现在只有一个 <context:component-scan> 标签，不再需要 <bean>。base-package="com.article5.example8" 的作用是指定 Spring 自动检测的包，对其他包不进行检测，如果检测多个包需要使用","分隔。包中注解声明的组件作为 bean 进行管理并自动装配。

测试代码:

```
ApplicationContext ctx = new ClassPathXmlApplicationContext
    ("com/article5/example8/applicationContext.xml");
UserBiz userBiz = (UserBiz)ctx.getBean("userBiz");
System.out.println(userBiz.getName());
```

执行结果:

王五

> 💬 **提示:**
>
> 声明组件时可以指定 bean 的 id，如 @Service("userBiz2")，调用时需要使用 ctx.getBean("userBiz2") 进行调用；不指定时 bean 的 id 默认为 bean 的类名，但首字母要求小写。

5.3.2 注解装配 AOP

AOP 增强装配

Spring 的 AOP 也可以使用注解的方式实现，需要在配置文件中使用 <aop:aspectj-autoproxy> 开启使用注解 AOP。

常用的 AOP 注解如下:

➢   @Aspect：定义切面。

➢   @Before：定义前置增强。

➢   @After：定义最终增强，不管执行是否成功都进行增强。

➢   @AfterReturning：定义后置增强，如果执行过程中产生异常，则不进行增强。

➢   @AfterThrowing：定义异常增强。

➢   @Around：定义环绕增强。

下面通过示例 9 来讲解使用注解实现 AOP。

⊃ 示例 9

使用注解定义日志增强的 AOP 实现。

关键代码：

持久层和业务层 bean 关键代码：

```java
// 定义 UserDao 是 Repository 组件
@Repository
public class UserDao{

  public String getName() {
    System.out.println(" 执行 DAO");
    return " 王五 ";
  }
}


// 定义 UserBiz 是 Service 组件
@Service
public class UserBiz{
  // 自动装配 UserDao
  @Autowired
  UserDao userDao;

  public String getName() {
    System.out.println(" 执行 Biz");
    // 调用 dao 方法
    return userDao.getName();
  }

}
```

日志 bean 关键代码：

```java
//@Component 声明 LogManager 是 Spring 管理的组件
// 如果不使用 @Component，需要在配置文件中用 <bean> 定义 LogManager
@Component
//@Aspect 声明 LogManager 是 Spring AOP 的切面
@Aspect
public class LogManager {
  // 定义前置增强，检测 com.article5.example9 包下所有类方法
  @Before("execution(* com.article5.example9.*.*(..))")
  // 注入连接点 JoinPoint 获取相关信息，如果不需要连接点信息可以省略
  public void addBeforeLog(JoinPoint joinpoint){
    System.out.println(joinpoint.getSignature()+" 前置增强，加入日志内容 ");
  }
  // 定义后置增强，不管目标方法是否执行成功，检测 com.article5.example9 包下所有类方法
  @After("execution(* com.article5.example9.*.*(..))")
  // 注入连接点 JoinPoint 获取相关信息，如果不需要连接点信息可以省略
  public void addAfterLog(JoinPoint joinpoint){
```

```
    System.out.println(joinpoint.getSignature()+" 后置增强 @After，不管目标方法是否执行成功，
    加入日志内容 ");

    }

// 定义后置增强，目标方法必须执行成功才能增强，检测 com.article5.example9 包下所有类方法
// 如果需要对返回结果进行处理，使用参数 pointcut 定义切点，returning 定义返回的结果变量名
@AfterReturning(pointcut="execution(* com.article5.example9.*.*(..))",returning="result")
// 注入连接点 JoinPoint 获取相关信息，如果不需要连接点信息可以省略
// 方法中的 result 与注解中的 returning 值是同名参数，是目标方法的返回值，由 Spring 注入
public void addAfterReturningLog(JoinPoint joinpoint,Object result){
    System.out.println(joinpoint.getSignature()+" 后置增强 @AfterReturning，目标方法必须执行
    成功才能增强，加入日志内容 ");
    }


// 定义异常增强，检测 com.article5.example9 包下所有类方法
// 如果需要对产生的异常进行处理，使用参数 pointcut 定义切点，throwing 定义异常变量名
@AfterThrowing(pointcut="execution(* com.article5.example9.*.*(..))",throwing="exception")
// 注入连接点 JoinPoint 获取相关信息，如果不需要连接点信息可以省略
// 方法中的 exception 与注解中的 throwing 值是同名参数，是目标方法产生的异常，由 Spring 注入
public void addThrowsLog(JoinPoint joinpoint,Exception exception){
    System.out.println(joinpoint.getSignature()+" 异常增强，加入日志内容 ");
}
// 定义环绕增强，检测 com.article5.example9 包下所有类方法
@Around("execution(* com.article5.example9.*.*(..))")
// 必须注入连接点 ProceedingJoinPoint，用于执行目标方法
public Object addAroundLog(ProceedingJoinPoint joinpoint){
    System.out.println(joinpoint.getSignature()+" 环绕增强，加入方法执行前日志内容 ");
    //AOP 增强方法的返回值
    Object result = null;
    try {
    // 执行目标方法，得到返回值
    result=joinpoint.proceed();
    } catch (Throwable e) {
    e.printStackTrace();
    }

    System.out.println(joinpoint.getSignature()+" 环绕增强，加入方法执行后日志内容 ");

    return result;
    }

    }
```

通过代码可以看出，注解的方式只是把配置文件中对应的标签内容转移到了注解中进行定义。当进行配置后置增强或异常抛出增强时，切入点必须使用 pointcut 参数

指定。

配置文件关键代码：

```
<!-- 自动检测并装配 bean  -->
<context:component-scan base-package="com.article5.example9"/>
<!-- 开启 AOP 注解支持 -->
<aop:aspectj-autoproxy/>
```

测试代码：

```
ApplicationContext ctx = new ClassPathXmlApplicationContext
    ("com/article5/example9/applicationContext.xml");
UserBiz userBiz = (UserBiz)ctx.getBean("userBiz");
System.out.println(userBiz.getName());
```

执行结果：

String com.article5.example9.UserBiz.getName() 前置增强，加入日志内容

String com.article5.example9.UserBiz.getName() 环绕增强，加入方法执行前日志内容

执行 Biz

String com.article5.example9.UserDao.getName() 前置增强，加入日志内容

String com.article5.example9.UserDao.getName() 环绕增强，加入方法执行前日志内容

执行 Dao

String com.article5.example9.UserDao.getName() 后置增强 @After，不管目标方法是否执行成功，加入日志内容

String com.article5.example9.UserDao.getName() 后置增强 @AfterReturning，目标方法必须执行成功才能增强，加入日志内容

String com.article5.example9.UserDao.getName() 环绕增强，加入方法执行后日志内容

String com.article5.example9.UserBiz.getName() 后置增强 @After，不管目标方法是否执行成功，加入日志内容

String com.article5.example9.UserBiz.getName() 后置增强 @AfterReturning，目标方法必须执行成功才能增强，加入日志内容

String com.article5.example9.UserBiz.getName() 环绕增强，加入方法执行后日志内容

王五

通过输出信息可以看出，注解的 AOP 增强配置成功。但也有一个很明显的问题，即定义切入点的代码是重复的，可以使用 @Pointcut 定义切入点，在需要的注解中统一使用，代码如下：

```
// 定义空方法，@Pointcut 定义切入点检测的包
@Pointcut("execution(* com.article5.example9.*.*(..))")
public void pointcut(){}

// 使用方法名作为切入点，避免重复编写检测包的代码
@Before("pointcut()")
public void addBeforeLog(JoinPoint joinpoint){
    System.out.println(joinpoint.getSignature()+" 前置增强，加入日志内容 ");
}
```

至此，基于配置文件和基于注解的使用方式都已介绍完毕，它们各有优缺点：注解可以最大地简化配置文件，但只是把配置文件中的内容转移到类中，并不是大幅度减少代码量，而当我们想要查看类之间的关系时，只能打开类文件查看，对于后期维

护造成不便，所以要根据实际情况选择适合的使用方式。

本章总结

本章学习了以下知识点：
➢ 多配置文件。
➢ 装配多种数据类型：List、Set、Array、Map。
➢ 自动装配。
➢ 使用注解实现 IoC 和 AOP。

本章作业

1. 使用注解实现自动装配 IoC，完成 action → service → dao 的装配过程。
2. 对作业 1 加入 AOP，实现日志功能。

第6章

Spring MVC 映射控制器

▶ 本章重点：

Spring MVC 的工作流程
映射控制器使用方式
多功能控制器
注解实现 Spring MVC

▶ 本章目标：

掌握多功能控制器
掌握注解驱动 Spring MVC

本章任务

学习本章需要完成以下 4 个工作任务:

任务 1: 初识 Spring MVC

了解 Spring MVC 的工作原理。

编写简单的 Spring MVC 程序。

任务 2: 映射处理器 HandlerMapping

了解 BeanNameUrlHandlerMapping 的原理。

了解 ControllerClassNameHandlerMapping 的原理。

了解 SimpleUrlHandlerMapping 的原理。

任务 3: 编写多功能控制器

掌握多功能控制器 MultiActionController。

任务 4: 注解驱动 Spring MVC

掌握注解驱动 Spring MVC 的使用方式。

请记录下学习过程中遇到的问题,可以通过自己的努力或访问 www.kgc.cn 解决。

任务 1 初识 Spring MVC

关键知识点:

➢ Spring MVC 的工作流程

➢ 编写简单的 Spring MVC 程序

Spring MVC 是非常出色的 Web MVC 框架,可以帮助我们构建像 Spring 框架那样灵活和低耦合的 Web 应用程序。本章将讲解 Spring MVC 的工作原理。

1. Spring MVC 工作流程

Spring MVC 实际上是对 JSP/Servlet 进行的封装处理,由框架内的处理器配合各个环节的处理工具,以便控制 Web 请求。

Spring MVC 中包括了很多组件,由它们协同完成处理,下面就给出各主要组件的作用。

➢ 前端控制器(DispatcherServlet): 是一个非常重要的组件,由它接收 Web 请求,然后调用框架的其他组件完成处理,最后返回响应结果。

➢ 映射处理器(HandlerMapping): 通过配置文件或注解找到 Web 请求路径对应的 Handle。

➢ 处理器(Handler): 由开发人员编写的处理器,在处理器中完成业务逻辑功能。

➢ 处理器适配器（HandlerAdapter）：是 Handler 的适配器，因为 Handle 的实现类有多种类型，所以需要由不同的适配器调用 Handler。适配器模式的作用是把具有类似功能的却不具有共同父类的类定义出统一的目标访问接口。HandlerAdapter 在 Sping MVC 中就是 Handler 访问接口，当需要处理不同的 Handler 实现类时，框架选择不同的适配器 HttpRequestHandlerAdapter、SimpleControllerHandlerAdapter 或 AnnotationMethodHandlerAdapter 用于处理不同的 Handler 类型。

➢ 视图解析器（ViewResolver）：Spring MVC 中提供了多种类型的视图，如 JSP、Velocity 等，ViewResolver 完成解析工作。

➢ ModelAndView：封装了 Model 和 View 对象。

➢ View：返回的视图对象。

虽然有很多组件，但大部分组件都是由框架提供，通常开发人员需要编写的代码只是 Handler 和 Web 页面。当然，根据 Spring 的处理方式需要在配置文件中指定组件的协作关系。

Spring MVC 的工作流程如图 6.1 所示，步骤如下：

（1）Web 请求被前端控制器（DispatcherServlet）拦截。

（2）DispatcherServlet 调用映射处理器（HandlerMapping）查找页面处理器（Handler），HandlerMapping 向 DispatcherServlet 返回 Handler。HandlerMapping 把 Web 请求映射为 HandlerExecutionChain 对象，它包含了一个 Handler 处理器对象和多个拦截器（HandlerInterceptor）对象。

（3）DispatcherServlet 调用处理器适配器（HandlerAdapter）去执行 Handler。

（4）HandlerAdapter 会根据适配的结果去执行 Handler，Handler 执行完成后适配器返回 ModelAndView，HandlerAdapter 向 DispatcherServlet 返回 ModelAndView。

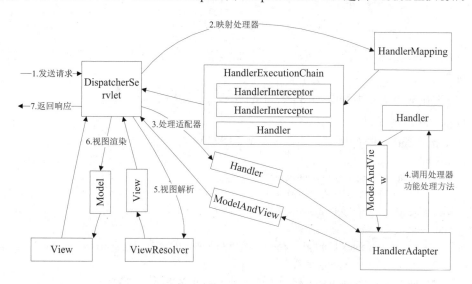

图 6.1　Spring MVC 的工作流程

（5）DispatcherServlet 调用视图解析器（ViewResolver）进行视图解析，它根据逻辑视图名解析成 JSP，ViewResolver 向 DispatcherServlet 返回 View。

（6）DispatcherServlet 进行视图渲染。

（7）DispatcherServlet 向用户返回响应结果。

工作流程非常清晰，并且很多组件是以接口方式存在，为程序实现提供了多种解决方案。

2. 使用 Spring MVC 开发程序

编写一个简单的 Spring MVC 程序（示例 1），了解各个组件的配置和使用方法。

⊃ 示例 1

在自定义 Handler 中保存数据，在 JSP 视图中显示出来。

分析：准备 Spring MVC 的使用环境：在 MyEclipse 中创建 Web Project，把 Spring MVC 的 jar 包和依赖包复制到 WEB-INF 下的 libs 中，如图 6.2 所示。

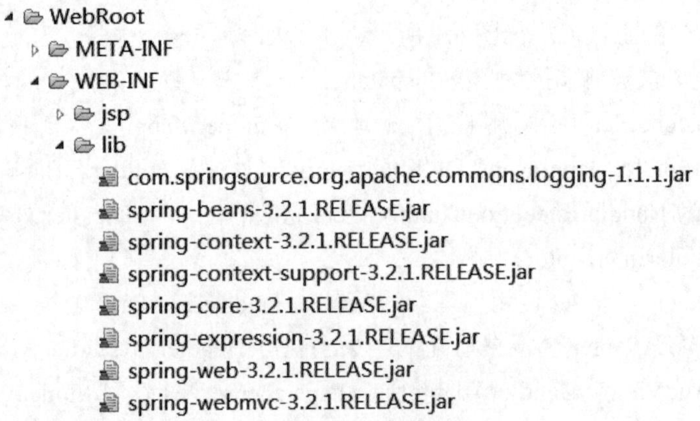

```
▲ 🗁 WebRoot
   ▷ 🗁 META-INF
   ▲ 🗁 WEB-INF
      ▷ 🗁 jsp
      ▲ 🗁 lib
            📄 com.springsource.org.apache.commons.logging-1.1.1.jar
            📄 spring-beans-3.2.1.RELEASE.jar
            📄 spring-context-3.2.1.RELEASE.jar
            📄 spring-context-support-3.2.1.RELEASE.jar
            📄 spring-core-3.2.1.RELEASE.jar
            📄 spring-expression-3.2.1.RELEASE.jar
            📄 spring-web-3.2.1.RELEASE.jar
            📄 spring-webmvc-3.2.1.RELEASE.jar
```

图 6.2　导入 Spring MVC 的 jar 包

为了使编码过程更加清晰，我们根据前面章节中 Spring MVC 的工作流程编写代码，步骤如下：

（1）在 web.xml 中配置 DispatcherServlet，用于拦截 Web 请求。

web.xml 关键代码：

```
<!-- 配置 Spring 前端控制器，拦截 /url/ 前缀的路径 -->
<servlet>
  <servlet-name>article6</servlet-name>
  <!-- 定义 Spring MVC 前端控制器 -->
  <servlet-class>org.springframework.web.servlet.DispatcherServlet</servlet-class>
  <init-param>
    <param-name>contextConfigLocation</param-name>
    <!-- 载入示例 1 的 Spring 配置文件 -->
    <param-value>classpath:com/article6/example1/springMVC-Context.xml
      </param-value>
```

```
    </init-param>
  </servlet>
  <servlet-mapping>
      <servlet-name>article6</servlet-name>
      <!-- 拦截 /url/ 前缀路径，请求由 DispatcherServlet 处理 -->
      <url-pattern>/url/*</url-pattern>
  </servlet-mapping>
```

➤ org.springframework.web.servlet.DispatcherServlet：Spring MVC 的前端控制器。

➤ contextConfigLocation：指定 Spring 配置文件路径是类路径下的 Example1/
springMVC-context.xml。

➤ <url-pattern>/url/*</url-pattern>：拦截的 URL 路径，以 /url/ 开头的路径被
DispatcherServlet 拦截处理。

（2）编写控制器 Handler 并在 Spring 配置文件中配置 HandlerMapping。

Handler 关键代码：

```
// 处理器（Handler），需要实现 Controller 接口
public class StudentController implements Controller{
    /** 实现 Controller 的 handleRequest 方法，url 请求执行的方法
     1.HttpServletRequest request http 请求对象
     2.HttpServletResponse response http 响应对象
     3. 返回对象 ModelAndView，封装了 Model 数据和返回的视图 */
    public ModelAndView handleRequest(HttpServletRequest request,
        HttpServletResponse response) throws Exception {
      // 创建 ModelAndView 对象
      ModelAndView mav = new ModelAndView();
      // 返回给页面的数据，以键值对的形式，可以通过键在视图中取值
      mav.addObject("msg"," 第一个 Spring MVC 程序 ");
      // 逻辑视图名，viewResolver 处理后得到页面路径
      mav.setViewName("/example1/studentResult");
      return mav;
   }
}
```

➤ org.springframework.web.servlet.mvc.Controller：是控制器需要实现的接口。

➤ 方法 handleRequest()：处理请求，它的参数是 JSP 标准接口 HttpServletRequest
和 HttpServletResponse，返回值是 ModelAndView，是 Model 数据和显示的视
图对象。

➤ mav.addObject("msg"," 第一个 Spring MVC 程序 ")：作用是通过键值对形式保
存数据，用于在视图中显示。

➤ mav.setViewName("/example1/studentResult")：设置逻辑视图名，与配置文件
中的 viewResolver 配合使用确定视图的路径。

（3）配置 Handler 关键代码：

```
<!-- bean 名映射控制器，以 bean 的 name 属性作为访问路径 -->
  <bean
```

```
    id="handlerMapping"
    class="org.springframework.web.servlet.handler.BeanNameUrlHandlerMapping">
</bean>

<!-- 上面使用 BeanNameUrlHandlerMapping 映射控制器，Controller 需要定义 name 表示路径 -->
<bean
    id="studentController"
    name="/student.htm"
    class="com.article6.example1.controller.StudentController">
</bean>
```

> BeanNameUrlHandlerMapping：Bean 名映射控制器，bean 的 name 属性表示
请求路径。

> name="/student.htm "：请求路径是 "/student.htm " 时，由 StudentController 处理。

（4）Spring MVC 自 动 选 择 合 适 的 HandlerAdapter 适 配 Controller， 本
示 例 采 用 的 是 实 现 Controller 接 口 的 方 式 实 现 控 制 器，Spring 将 自 动 使 用
SimpleControllerHandlerAdapter 进行适配调用。

（5）配置 ViewResolver 解析视图，编写 JSP 文件。

ViewResolver 配置关键代码：

```
<!-- 视图解析器，查找返回视图的路径：
前缀 prefix(/WEB-INF/jsp)+ 逻辑视图名（Controller 返回）+ 后缀 suffix(.jsp)-->

<bean
    id="viewResolver" class="org.springframework.web.servlet.view.InternalResourceViewResolver">
    <property name="prefix" value="/WEB-INF/jsp"/>
    <property name="suffix" value=".jsp"/>
</bean>
```

> InternalResourceViewResolver：内部资源视图解析器，以工程的根目录作为查
找路径。

> <property name="prefix" value="/WEB-INF/jsp"/>：视图的路径前缀，在当前
工程的 "/WEB-INF/jsp" 目录下查找文件。"/WEB-INF/ " 在标准 JSP 工程中是
隐藏目录，这样处理的优势是视图对用户是不可见的，是由 Spring MVC 经
过处理后再响应给用户，增加了 JSP 视图的安全性。

> <property name="suffix" value=".jsp"/>：视图的后缀，也可以定义其他的后缀
名，如使用 velocity 可以定义为 .vm。查找视图的路径是前缀 prefix(/WEB-
INF/jsp) + 逻辑视图名（controller 返回）+ 后缀 suffix(.jsp)，本示例最后的视
图路径是 /WEB-INF/jsp/example1/studentResult.jsp。

（6）WEB-INF/jsp/example1/studentResult.jsp 关键代码：

```
<body>
${msg}
</body>
```

${msg}：使用 EL 表达式输出在 StudentController 中保存的数据。

（7）DispatcherServlet 使用数据渲染 studentResult.jsp，返回响应结果。

部署启动 Tomcat 后，访问路径 http://127.0.0.1:8080/article6/url/student.htm，可以看到在 StudentController 中保存的 msg 显示在页面中，如图 6.3 所示。

图 6.3　示例 1 的运行结果

这是 Spring MVC 简单的使用示例，后续章节中将对 Spring MVC 的各个环节进行详细讲解，使读者可以对它进行更有效的使用。

任务 2　映射处理器 HandlerMapping

关键知识点：

➢ BeanNameUrlHandlerMapping

➢ ControllerClassNameHandlerMapping

➢ SimpleUrlHandlerMapping

HandlerMapping 是映射处理器，用于管理 URL 和 Controller 之间的映射关系。任务 1 的示例中使用的是 BeanNameUrlHandlerMapping，常用的还有 ControllerClass-NameHandlerMapping 和 SimpleUrlHandlerMapping，下面就来讲解它们的具体使用方式。

1. BeanNameUrlHandlerMapping

BeanNameUrlHandlerMapping 是 Spring MVC 默认使用的映射处理器。它是把 bean 的 name 属性作为 URL 使用。如任务 1 中使用 name="/student.htm" 作为映射的 URL，当我们访问 http://127.0.0.1:8080/article6/url/student.htm 时，BeanNameUrlHandler-Mapping 根据 URL 匹配到 name 属性值，然后调用对应的 Controller 类。在实际应用中，除了示例 1 中伪静态的方式，也经常定义为 ".do" 的形式。

2. ControllerClassNameHandlerMapping

ControllerClassNameHandlerMapping 是类名映射器，它直接把类名映射为 URL，以类名作为请求的路径。

编写示例 2，了解 ControllerClassNameHandlerMapping 的使用方法。

○ 示例 2

关键代码：

Handler 关键代码:

```
// 创建 ModelAndView 对象
ModelAndView mav = new ModelAndView();
// 返回给页面的数据，以键值对的形式，可以通过键在视图中取值
mav.addObject("msg"," 示例 2，使用 ControllerClassNameHandlerMapping 类名映射控制器 ");
// 逻辑视图名，viewResolver 处理后得到页面路径
mav.setViewName("/example1/studentResult");
rcturn mav;
```

配置文件关键代码:

```
<!-- 类名映射处理器：它直接把类名映射为 URL，以类名作为请求的路径 -->
<bean
    id="handlerMapping"
    class="org.springframework.web.servlet.mvc.support.ControllerClassNameHandlerMapping">
</bean>

<!-- 使用类名映射处理器，StudentController 的访问路径是 studentController，第一个字母是
小写的。 -->
<bean
    id="studentController"
    class="com.article6.example2.controller.StudentController">
</bean>
```

使用类名映射处理器，在 bean 中不再需要定义 name 属性。使用类名可以访问 URL，类名的第一个字母是小写的。

> 💬 提示：
>
> （1）ControllerClassNameHandlerMapping 的 pathPrefix 属性可以定义访问路径的前缀，如: <property name="pathPrefix" value="/example2"></property>，访问路径是: http://127.0.0.1:8080/article6/url/example2/studentController。
>
> （2）ControllerClassNameHandlerMapping 的 caseSensitive 属性设置大小写是否敏感，默认是 False。为 False 时，路径中字母与类名不必大小写完全匹配；为 True 时，除首字母小写外，其他字母必须完全匹配。

部署启动 Tomcat 后，访问路径 http://127.0.0.1:8080/article6/url/example2/student Controller，可以看到在 StudentController 中保存的 msg 显示在页面中，如图 6.4 所示。

图 6.4　示例 2 的运行结果

3．SimpleUrlHandlerMapping

SimpleUrlHandlerMapping 是简单 URL 映射控制器，可以把 URL 和 bean 的映射关系分离开。

编写示例 3，了解 SimpleUrlHandlerMapping 的使用方法。

⊃ 示例 3

关键代码：

Handler 关键代码：

```
// 创建 ModelAndView 对象
ModelAndView mav = new ModelAndView();
// 返回给页面的数据，以键值对的形式，可以通过键在视图中取值
mav.addObject("msg"," 示例 3，使用 SimpleUrlHandlerMapping 映射控制器 ");
// 逻辑视图名，viewResolver 处理后得到页面路径
mav.setViewName("/example1/studentResult");
return mav;
```

配置文件关键代码：

```
<!--SimpleUrlHandlerMapping：简单 URL 映射处理器，分离 URL 和 bean-->
  <bean
    id="simpleUrlHandlerMapping" class="org.springframework.web.servlet.handler.
      SimpleUrlHandlerMapping">
    <property name="mappings">
      <props>
        <!-- 定义路径 /example3/student.htm 执行 studentController（bean 的 ID） -->
        <prop key="/example3/student.htm">studentController</prop>
      </props>
    </property>
  </bean>


  <bean
    id="studentController"
    class="com.article6.example3.controller.StudentController">
  </bean>
```

<prop key="/example3/student.htm">studentController</prop>：建立路径 "/example3/student.htm " 和 id 为 studentController 的 bean 的映射关系。如果再定义其他路径和 bean 映射关系，只需要加入对应的 <prop>。

访问路径是 http://127.0.0.1:8080/article6/url/example3/student.htm，执行结果如图 6.5 所示。

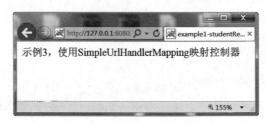

图 6.5　示例 3 的运行结果

SimpleUrlHandlerMapping 的优点是把映射关系统一管理，而不是像 BeanName-UrlHandlerMapping 那样直接在 bean 标签中定义 URL，为后期的修改、维护提供了清晰的映射结构。

任务 3　编写多功能控制器

关键步骤：

➢ 编写多功能控制器。

➢ 编写配置文件。

6.3.1　多功能控制器

在 Spring MVC 中还有其他的几种控制器，如命令控制器（AbstractCommand-Controller）、表单控制器（SimpleFormController）、多功能控制器（MultiActionController）。但是随着 Spring MVC 版本的升级，AbstractCommandController 和 SimpleFormController 已经被废弃，我们将只介绍 MultiActionController 的使用情况。

使用实现 Controller 接口的方式编写控制器存在一个很严重的问题，需要针对每一个 URL 请求编写对应的控制器。而使用多功能控制器（MultiActionController），可以在一个控制器中编写多个方法，每个方法对应一个请求路径。

编写示例 4，了解 MultiActionController 的使用方法。

● 示例 4

关键代码：

Handler 关键代码：

```
// 多功能控制器，继承 MultiActionController
public class StudentController extends MultiActionController{
    // 添加，除方法名外，其他定义与使用实现 Controller 接口的 handleRequest() 方法一致
    // 访问路径是方法名 addStudent
    public ModelAndView addStudent(HttpServletRequest request,
        HttpServletResponse response) {
    // 此处可以调用业务层对象
    ModelAndView mav = new ModelAndView();
     mav.addObject("msg","addStudent()，添加操作 ");
     mav.setViewName("/example4/studentResult");
     return mav;
    }

    // 修改，除方法名外，其他定义与使用实现 Controller 接口的 handleRequest() 方法一致
    // 访问路径是方法名 updateStudent
```

```
public ModelAndView updateStudent(HttpServletRequest request,
    HttpServletResponse response) {
 // 此处可以调用业务层对象
 ModelAndView mav = new ModelAndView();
 mav.addObject("msg","updateStudent()，修改操作 ");
 mav.setViewName("/example4/studentResult");
 return mav;
}

// 删除，除方法名外，其他定义与使用实现 Controller 接口的 handleRequest() 方法一致
// 访问路径是方法名 delStudent
public ModelAndView delStudent(HttpServletRequest request,
    HttpServletResponse response) {
 // 此处可以调用业务层对象
 ModelAndView mav = new ModelAndView();
 mav.addObject("msg","delStudent()，删除操作 ");
 mav.setViewName("/example4/studentResult");
 return mav;
}

// 查询，除方法名外，其他定义与使用实现 Controller 接口的 handleRequest() 方法一致
// 访问路径是方法名 queryStudent
public ModelAndView queryStudent(HttpServletRequest request,
    HttpServletResponse response) {
 // 此处可以调用业务层对象
 ModelAndView mav = new ModelAndView();
 mav.addObject("msg","queryStudent()，查询操作 ");
 mav.setViewName("/example4/studentResult");
 return mav;
 }
}
```

　　使用多功能控制器需要继承 MultiActionController，控制器中的方法与实现 Controller 接口的 handleRequest() 方法，除了方法名，其他格式完全一致。MultiActionController 可以根据 URL 和方法名进行匹配，以确定具体访问的方法。

　　配置文件关键代码：

```
<!--SimpleUrlHandlerMapping：简单 URL 映射处理器，分离 URL 和 bean-->
<bean id="simpleUrlHandlerMapping" class="org.springframework.web.servlet.handler.
SimpleUrlHandlerMapping">
  <property name="mappings">
   <props>
    <!--
    key="/example4/student.htm/*"，后面需要有 "*" 号，用于匹配多个方法。
    定义路径前缀 /example4/student.htm/ 执行 studentController（bean 的 ID）。
    本示例是多功能控制器，路径后加入控制器的方法名，可以访问对应的方法，如
    /example4/student.htm/addStudent 访问控制器的 addStudent 方法。
```

```
        -->
        <prop key="/example4/student.htm/*">studentController</prop>
      </props>
    </property>
  </bean>

  <bean
    id="studentController"
    class="com.article6.example4.controller.StudentController">
  </bean>
```

`<prop key="/example4/student.htm/*">`：后面需要加通配符"*"，因为多功能控制器里定义了多个方法，每个方法映射为一个 URL。也就是 "/example4/student.htm" 可以定位到控制器，后面还要有定位到方法的路径，如 /example4/student.htm/addStudent 访问控制器的 addStudent 方法。

访问不同的方法只要在 URL 后缀中加入方法名即可实现，如：

http://127.0.0.1:8080/article6/url/example4/student.htm/addStudent
http://127.0.0.1:8080/article6/url/example4/student.htm/delStudent
http://127.0.0.1:8080/article6/url/ example4/student.htm/updateStudent
http://127.0.0.1:8080/article6/url/ example4/student.htm/queryStudent

访问添加和删除路径的运行结果如图 6.6 和图 6.7 所示。

图 6.6　示例 4 添加方法运行结果

图 6.7　示例 4 删除方法运行结果

6.3.2　方法名解析器

示例 4 中 URL 中直接写方法名访问，是因为 Spring MVC 中默认使用了方法名解析器 InternalPathMethodNameResolver 解析 URL 和方法名的映射，根据请求的路径名称来调用相应的方法。还有另外两种方法名解析器 ParameterMethodNameResolver 和 PropertiesMethodNameResolver。

1. ParameterMethodNameResolver

如在示例 4 的配置文件中使用 ParameterMethodNameResolver，需要去掉示例 4 中 Simple Url HandlerMapping 的 key 值最后的 /*，并且需要在 studentController 的 bean 里面加上 `<property name="methodNameResoler "ref="resolver"/>`。

作如下定义：

```
<bean
id="resolver"
```

```
class="org.springframework.web.servlet.mvc.multiaction.ParameterMethodNameResolver">
    <!--URL 中使用 method= 方法名访问 -->
    <property name="paramName" value="method" />
</bean>
```

访问路径将变为：

http://127.0.0.1:8080/article6/url/example4/student.htm?method=addStudent

http://127.0.0.1:8080/article6/url/example4/student.htm?method=delStudent

http://127.0.0.1:8080/article6/url/ example4/student.htm?method=updateStudent

http://127.0.0.1:8080/article6/url/ example4/student.htm?method=queryStudent

2．PropertiesMethodNameResolver

如在示例 4 的配置文件中使用 PropertiesMethodNameResolver，需要将 Simple Url HandlerMapping 中的路径附加到 value 中。

作如下定义：

```
<bean id="resolver" class="org.springframework.web.servlet.mvc.multiaction.
    PropertiesMethodNameResolver">
    <property name="mappings">
    <!-- 定义访问方法的路径和方法的对应关系 -->
        <value>/add.do= addStudent</value>
        <value>/update.do= updateStudent</value>
        <value>/del.do= delStudent</value>
        <value>/query.do=queryStudent</value>
    </property>
</bean>
```

访问路径将变为：

http://127.0.0.1:8080/article6/url/example4/student.htm/add.do

http://127.0.0.1:8080/article6/url/example4/student.htm/update.do

http://127.0.0.1:8080/article6/url/ example4/student.htm/del.do

http://127.0.0.1:8080/article6/url/ example4/student.htm/query.do

任务 4　注解驱动 Spring MVC

关键步骤：

➤ 编写注解控制器。

➤ 编写功能类。

前面学习了继承 MultiActionController 和实现 Controller 接口的方式使用 Spring MVC，需要编写侵入性的代码，不能脱离 Spring 容器使用。本任务将介绍使用注解的方式实现 Spring MVC。

1．Spring MVC 常用注解

使用注解实现 Spring MVC 常用到以下 3 个注解：

➤ @Controller：在类上使用的注解，定义当前类是 Controller。

➤ @RequestMapping：在类和方法上使用的注解，定义类和方法的请求路径。

➤ @ResponseBody：在方法上使用的注解，定义返回值的类型是 Json、List 等。

在类上定义，如：

```
@RequestMapping(value="/example5/studentAnotation")
public class StudentAnotationControler
```

定义了访问当前类的路径是 "/example5/studentAnotation"。

在方法上定义，如：

```
@RequestMapping(value="/delStudent.do",method=RequestMethod.GET)
public String delStudent(Model model)
```

定义了访问到方法的路径是 "/delStudent.do"，HTTP 的请求方法是 GET，还可以使用 POST、PUT 等方法。

结合类和方法上的路径，最后的访问路径是 /example5/studentAnotation/delStudent.do。

2. 注解实现 Spring MVC

编写示例 5，了解注解实现 Spring MVC 的使用方法。

➲ 示例 5

关键代码：

Handler 关键代码：

```
// 使用 @Controller 组件定义控制器
@Controller
// 定义访问控制器的路径 /example5/studentAnotation
@RequestMapping(value="/example5/studentAnotation")
public class StudentAnotationControler {
  // 定义访问方法的路径 /addStudent.htm
  @RequestMapping(value="/addStudent.htm")
  public ModelAndView addStudent(ModelAndView mav) {
    mav.addObject("msg"," 注解 Controller 添加操作 ");
    mav.setViewName("/example5/studentResult");
    return mav;
  }
  // 定义访问方法的路径 /delStudent.do，HTTP 请求的方法是 GET，也可以使用 POST、PUT 等
  // 方法
  @RequestMapping(value="/delStudent.do",method=RequestMethod.GET)
  public String delStudent(Model model) {

    model.addAttribute("msg"," 注解 Controller 删除操作 ") ;
    return "/example5/studentResult";
  }
}
```

需要使用 @Controller 定义控制器，@RequestMapping 定义类和方法的请求路径。在方法上使用 @RequestMapping 时，可以使用 method=RequestMethod.GET 指定处理

的 HTTP 方法，其他方法也可以指定，如 POST、PUT 等。

控制器中定义的方法签名并不相同，如下：

```
public ModelAndView addStudent(ModelAndView mav)
public String delStudent(Model model)
```

这是因为 Spring 可以帮助我们注入和返回多种类型的对象，方法参数除了以上两种，还可以注入 HttpServletRequest、HttpServletResponse、HttpSession 等对象，后续章节再进行相关介绍。

配置文件关键代码：

```
<?xml version="1.0" encoding="UTF-8"?>
<beans xmlns="http://www.springframework.org/schema/beans"
    xmlns:mvc="http://www.springframework.org/schema/mvc"
    xmlns:context="http://www.springframework.org/schema/context"
    xmlns:xsi="http://www.w3.org/2001/XMLSchema-instance"
    xsi:schemaLocation="http://www.springframework.org/schema/beans
    http://www.springframework.org/schema/beans/spring-beans-3.2.xsd
    http://www.springframework.org/schema/context
    http://www.springframework.org/schema/context/spring-context-3.2.xsd
    http://www.springframework.org/schema/mvc
    http://www.springframework.org/schema/mvc/spring-mvc-3.2.xsd" >
    <!-- 自动扫描包 com.article6.example5.controller -->
    <context:component-scan base-package="com.article6.example5.controller"></context:component-scan>

    <!-- 视图解析器，查找返回页面的路径：前缀 prefix(/WEB-INF/jsp) + 逻辑视图名（controller
    返回）+ 后缀 suffix(.jsp) -->
    <bean id="viewResolver"
        class="org.springframework.web.servlet.view.InternalResourceViewResolver">
        <property name="prefix" value="/WEB-INF/jsp"/>
        <property name="suffix" value=".jsp"/>
    </bean>
</beans>
```

使用注解 Spring MVC 后，配置文件中只需要配置 <context:component-scan> 扫描使用注解的包和视图解析器。

根据控制器中配置的路径访问下面两个路径：

http://127.0.0.1:8080/article6/url/example5/studentAnotation/delStudent.do

http://127.0.0.1:8080/article6/url/example5/studentAnotation/addStudent.htm

运行结果如图 6.8 和图 6.9 所示。

图 6.8　示例 5 的删除操作

图 6.9 示例 5 的添加操作

本章总结

本章学习了以下知识点:

➢ 映射处理器。
- ◆ BeanNameUrlHandlerMapping
- ◆ ControllerClassNameHandlerMapping
- ◆ SimpleUrlHandlerMapping
➢ 多功能控制器: MultiActionController。
➢ 注解驱动 Spring MVC。
- ◆ @Controller
- ◆ @RequestMapping

本章作业

1. 编写 Web 层多功能控制器和业务层、持久层对象,在配置文件中装配使用。
2. 使用注解编写 Web 层和业务层、持久层对象,实现自动装配。

第7章

Spring MVC 绑定校验

▶ **本章重点：**

Spring MVC 数据绑定
Spring MVC 数据校验

▶ **本章目标：**

掌握数据绑定的实现方式
掌握数据校验的实现方式

本章任务

学习本章需要完成以下两个工作任务：

任务 1：Spring MVC 数据绑定

了解 Spring MVC 的数据绑定机制。

任务 2：Spring MVC 数据校验

编程式数据校验。

声明式数据校验。

请记录下学习过程中遇到的问题，可以通过自己的努力或访问 www.kgc.cn 解决。

任务 1 　 Spring MVC 数据绑定

关键知识点：

> 简单对象绑定
> 自定义对象绑定
> 复合对象绑定
> 集合对象绑定
> 数组对象绑定
> 注解数据绑定

7.1.1 数据绑定

在 Web 应用程序中，处理客户端提交的数据是经常需要的操作，Spring MVC 提供了使用方便的数据绑定机制。

1. 简单对象绑定

对于简单的数据类型，在 JSP 中可以使用 request.getParameter() 获取，在 Spring MVC 中依然可以这样使用，并且还提供了方便的数据注入机制，可以自动完成数据转型的功能。

编写示例 1，了解简单数据绑定的使用方法。

⊃ 示例 1

关键代码：

Handler 关键代码：

// 使用 @Controller 组件定义控制器

```
@Controller
// 定义访问控制器的路径 /example1/example1Controller
@RequestMapping(value="/example1/example1Controller")
public class Example1Controller {

    // 使用 request 获取数据
    @RequestMapping(value="/bindRequest.htm")
    public String bindRequest(Model model , HttpServletRequest request){
        model.addAttribute("msg"," 获取 request 中数据 name="+request.getParameter("name"));
        return "/example1/result";
    }
    // 绑定 String 型数据
    @RequestMapping(value="/bindString.htm")
    public String bindString(Model model , String name){
        model.addAttribute("msg"," 获取到 String 型数据 name="+name);
        return "/example1/result";
    }

    // 绑定 int 型数据，自动转型，不传参报错
    @RequestMapping(value="/bindInt.htm")
    public String bindInt(Model model , int age){
        model.addAttribute("msg"," 获取到 int 型数据 age="+age);
        return "/example1/result";
    }

    // 绑定 float 型数据，自动转型，不传参报错
    @RequestMapping(value="/bindFloat.htm")
    public String bindFloat(Model model , float num){
        model.addAttribute("msg"," 获取到 float 型数据 num="+num);
        return "/example1/result";
    }

    // 绑定包装类型 Integer 型数据，自动转型，不传参为 null
    @RequestMapping(value="/bindInteger.htm")
    public String bindInteger(Model model , Integer count){
        model.addAttribute("msg"," 获取到 Integer 型数据 count="+count);
        return "/example1/result";
    }

    // 绑定多个参数
    @RequestMapping(value="/bindMany.htm")
    public String bindMany(Model model ,int age ,float num){
        model.addAttribute("msg"," 获取到多个数据 age="+age+" num="+num);
        return "/example1/result";
    }
}
```

➢ public String bindRequest(Model model,HttpServletRequest request)： 由 Spring 注入 request 对象，可以使用 request.getParameter() 获取客户端传递的参数。

➤ public String bindString(Model model,String name)：绑定 String 型数据，客户端传递的参数如果与方法参数 name 同名，自动绑定。

➤ public String bindInt(Model model,int age)：绑定 int 型数据，客户端传递的参数如果与方法参数 age 同名，自动转型绑定。

➤ public String bindFloat(Model model,float num)：绑定 float 型数据，客户端传递的参数如果与方法参数 num 同名，自动转型绑定。

➤ public String bindInteger(Model model,Integer count)：绑定包装类 Integer 型数据，客户端传递的参数如果与方法参数 count 同名，自动转型绑定。

➤ public String bindMany(Model model,int age,float num)：绑定多个参数，客户端传递的参数如果与方法参数 age、num 同名，自动转型绑定。

对于其他的简单数据类型都可以实现绑定，Spring MVC 根据参数类型自动完成转型，转型失败报错。

> **提示：**
>
> Integer 和 int 型的处理区别：当客户端不传递相应参数时，Integer 型参数为 null，而 int 型报错。

result.jsp 关键代码：

```
<body>
${msg}

</body>
```

访问如下路径：

http://127.0.0.1:8080/article7/url/example1/example1Controller/bindString.htm?name=tom
http://127.0.0.1:8080/article7/url/example1/example1Controller/bindInt.htm?age=11
http://127.0.0.1:8080/article7/url/example1/example1Controller/bindFloat.htm?num=11.34
http://127.0.0.1:8080/article7/url/example1/example1Controller/bindInteger.htm?count=33
http://127.0.0.1:8080/article7/url/example1/example1Controller/bindMany.htm?age=33&num=13.3

多参数传递的结果如图 7.1 所示。

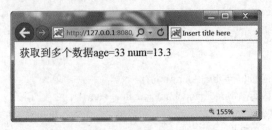

图 7.1　示例 1 的运行结果

Spring MVC 框架实现数据绑定使用的是 DataBinder 接口，它通过页面传递的参数名与方法中的参数名匹配情况进行数据绑定。而数据类型的转换是由 TypeConverter

负责，TypeConverter 是类型转换器，可以完成大多数 Java 类型的转换工作，在后续章节中将介绍自定义类型转换器。

2. 自定义对象绑定

在程序设计时，经常要把数据封装成模型进行处理，如果使用示例 1 中的方式，需要我们把属性值逐个赋值到属性中，而使用对象绑定可以让我们直接把客户端参数绑定到模型对象中。

编写示例 2，了解自定义对象绑定的使用方法。

⊃ 示例 2

关键代码：

数据模型关键代码：

```java
// 学生数据模型
public class StudentModel {
  // 学生姓名
  private String name;
  // 学生年龄
  private int age;
  public String getName() {
    return name;
  }
  //Spring 调用 setter 方法注入属性值
  public void setName(String name) {
    this.name = name;
  }
  public int getAge() {
    return age;
  }
  //Spring 调用 setter 方法注入属性值
  public void setAge(int age) {
    this.age = age;
  }
  @Override
  public String toString() {
    return "StudentModel [name=" + name + ", age=" + age + "]";
  }
}
```

模型中的属性需要 setter 方法，由 Spring 自动调用注入属性值。

Handler 关键代码：

```java
// 使用 @Controller 组件定义控制器
@Controller
// 定义访问控制器的路径 /example2/studentController
@RequestMapping(value="/example2/studentController")
public class StudentController {
```

```
// 绑定 StudentModel
@RequestMapping(value="/bindStudent.htm")
public String bindStudent(Model model ,StudentModel student){
    model.addAttribute("msg",student.toString());
    return "/example2/result";
  }
}
```

public String bindStudent(Model model,StudentModel student)：模型作为参数，属性值由 Spring 注入。

> **💬 提示：**
>
> 　　模型中的简单类型属性如 int 型，如果客户端不传递值，则不会报错，属性值是默认值 0。

访问如下路径：

http://127.0.0.1:8080/article7/url/example2/studentController/bindStudent.htm?age=33&name=tom

运行结果如图 7.2 所示。

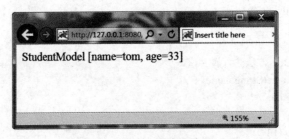

图 7.2　示例 2 的运行结果

路径中的 age 和 name 参数由 Spring 自动匹配 StudentModel 中的 age 和 name 属性，注入相应的值。

3. 复合对象绑定

复合对象也可以实现绑定，下面我们编写示例 3，了解复合对象绑定的使用方法。

⮞ 示例 3

关键代码：

数据模型关键代码：

```
// 学校模型，复合对象
public class SchoolModel {
  // 学校名
  private String schoolName;
  // 学校 ID
  private int schoolId;
  // 学生模型
```

```java
    private StudentModel student;

    public String getSchoolName() {
        return schoolName;
    }

    public void setSchoolName(String schoolName) {
        this.schoolName = schoolName;
    }

    public int getSchoolId() {
        return schoolId;
    }

    public void setSchoolId(int schoolId) {
        this.schoolId = schoolId;
    }

    public StudentModel getStudent() {
        return student;
    }

    public void setStudent(StudentModel student) {
        this.student = student;
    }

    @Override
    public String toString() {
        return "SchoolModel [schoolName=" + schoolName + ", schoolId="
            + schoolId + ", student=" + student + "]";
    }
}
```

SchoolModel 模型中包含了 StudentModel 模型。

Handler 关键代码：

```java
// 使用 @Controller 组件定义控制器
@Controller
// 定义访问控制器的路径 /example3/complexController
@RequestMapping(value="/example3/complexController")
public class ComplexController {
    // 绑定复合对象 SchoolModel
    @RequestMapping(value="/bindSchool.htm")
    public String bindSchool(Model model ,SchoolModel school){
        model.addAttribute("msg",school.toString());
        return "/example3/result";
    }
}
```

public String bindSchool(Model model,SchoolModel school)：复合对象 SchoolModel 作为参数。

访问如下路径：

http://127.0.0.1:8080/article7/url/example3/complexController/bindSchool.htm?schoolId=11&schoolName=qh&student.age=32&student.name=Tom

运行结果如图 7.3 所示。

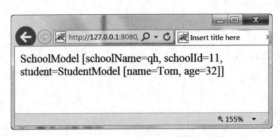

SchoolModel [schoolName=qh, schoolId=11, student=StudentModel [name=Tom, age=32]]

图 7.3　示例 3 的运行结果

路径中 schoolName 和 schoolId 的值自动注入到 SchoolModel 中相应的属性中，而 student.age 和 student.name 注入到 SchoolModel 中 student 对象的 age 和 name 属性中。

4．集合对象绑定

Spring MVC 不支持直接把集合对象作为参数进行绑定，需要把集合对象作为属性才能绑定。

（1）List。

编写示例 4，了解 List 集合对象绑定的使用方法。

示例 4

关键代码：

包装集合类关键代码：

```
// 包装集合类
public class StudentList {
  //StudentModel 的 List 集合
  private List<StudentModel>studentList;

  public List<StudentModel> getStudentList() {
    return studentList;
  }
   //List 集合的 setter 方法
  public void setStudentList(List<StudentModel> studentList) {
    this.studentList = studentList;
  }
  @Override
  public String toString() {
    return "StudentList [studentList=" + studentList + "]";
  }
}
```

private List<StudentModel>studentList：List 集合作为属性，实现数据绑定。

Handler 关键代码：

```
// 使用 @Controller 组件定义控制器
@Controller
// 定义访问控制器的路径 /example4/collectionController
@RequestMapping(value="/example4/collectionController")
public class CollectionController {
    // 绑定 List 集合
    @RequestMapping(value="/bindList.htm")
    public String bindList(Model model ,StudentList students){
        model.addAttribute("msg",students.toString());
        return "/example4/result";
    }
}
```

访问如下路径：

http://127.0.0.1:8080/article7/url/example4/collectionController/bindList.htm?studentList[0].
name=11&studentList[2].name=22

运行结果如图 7.4 所示。

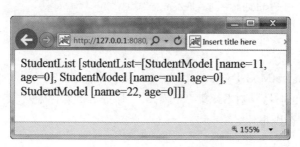

图 7.4　示例 4 的运行结果

➢　　studentList[0].name=11：List 集合索引值为 0 的对象的 name 属性值是 11。

➢　　studentList[2].name=22：List 集合索引值为 2 的对象的 name 属性值是 22。

从运行结果中可以看到，List 集合中创建了 3 个对象，虽然我们只对索引值为 0 和 2 的对象进行了赋值，但索引值为 1 的对象也被创建了。

（2）Set。

编写示例 5，了解 Set 集合对象绑定的使用方法。

● 示例 5

关键代码：

包装集合类关键代码：

```
// 包装 Set 集合类
public class StudentSet {
    //StudentModel 的 Set 集合
    private Set<StudentModel> studentSet;
```

```
    public StudentSet() {
        //Set 集合必须被初始化，保证集合对象个数
        studentSet = new HashSet();
        studentSet.add(new StudentModel());
        studentSet.add(new StudentModel());
        studentSet.add(new StudentModel());

    }

    public Set<StudentModel> getStudentSet() {
        return studentSet;
    }

    public void setStudentSet(Set<StudentModel> studentSet) {
        this.studentSet = studentSet;
    }

    @Override
    public String toString() {
        return "StudentSet [studentSet=" + studentSet + "]";
    }

}
```

private Set<StudentModel> studentSet：Set 集合作为属性，实现数据绑定。

Set 与 List 的区别是要对 Set 集合初始化，保证 Set 集合中对象的个数足够接收客户端传递的对象，否则报错。

Handler 关键代码：

```
// 使用 @Controller 组件定义控制器
@Controller
// 定义访问控制器的路径 /example5/collectionController
@RequestMapping(value="/example5/setController")
public class SetController {

    // 绑定 Set 集合
    @RequestMapping(value="/bindSet.htm")
    public String bindSet(Model model ,StudentSet students){
        model.addAttribute("msg",students.toString());
        return "/example5/result";
    }
}
```

访问如下路径：

http://127.0.0.1:8080/article7/url/example5/setController/bindSet.htm?studentSet[0].name=11&studentSet[2].name=22

运行结果如图 7.5 所示。

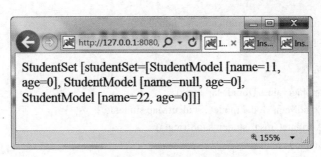

图 7.5　示例 5 的运行结果

➢　studentSet[0].name=11：Set 集合索引值为 0 的对象的 name 属性值是 11。

➢　studentSet[2].name=22：Set 集合索引值为 2 的对象的 name 属性值是 22。

我们知道 Set 集合中是没有索引值的，它里面的数据是无序的，这里所谓的索引值只是起到了计数的作用。从运行结果中可以看到，Set 集合中创建了 3 个对象，虽然我们只对索引值为 0 和 2 的对象进行了赋值，但索引值为 1 的对象也被创建了。

（3）Map。

编写示例 6，了解 Map 集合对象绑定的使用方法。

➲ 示例 6

关键代码：

包装集合类关键代码：

```
// 包装 Map 集合类
public class StudentMap {
  //StudentModel 的 Map 集合
  private Map<String,StudentModel> studentMap;

  public Map<String, StudentModel> getStudentMap() {
    return studentMap;
  }

  public void setStudentMap(Map<String, StudentModel> studentMap) {
    this.studentMap = studentMap;
  }

  @Override
  public String toString() {
    return "StudentMap [studentMap=" + studentMap + "]";
  }
}
```

private Map<String,StudentModel> studentMap：Map 集合作为属性，实现数据绑定。

Handler 关键代码：

```
// 使用 @Controller 组件定义控制器
@Controller
// 定义访问控制器的路径 /example6/mapController
```

```
@RequestMapping(value="/example6/mapController")
public class MapController {

    // 绑定 Map 集合
    @RequestMapping(value="/bindMap.htm")
    public String bindMap(Model model ,StudentMap students){
        model.addAttribute("msg",students.toString());
        return "/example6/result";
    }
}
```

访问如下路径：

http://127.0.0.1:8080/article7/url/example6/mapController/bindMap.htm?studentMap[key1].
name=Tom&studentMap[key1].age=11&studentMap[key2].name=Jerry&studentMap[key2].age=22

运行结果如图 7.6 所示。

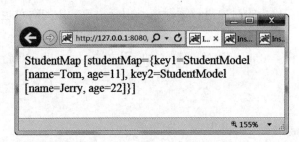

图 7.6　示例 6 的运行结果

> studentMap[key1].name=Tom：键是 key1，对应 StudentModel 对象，StudentModel
>   中的 name 属性是 Tom。
> studentMap[key1].age=11：键是 key1，对应 StudentModel 对象，StudentModel
>   中的 age 属性是 11。
> studentMap[key2].name=Jerry：键是 key2，对应 StudentModel 对象，Student-
>   Model 中的 name 属性是 Jerry。
> studentMap[key2].age=22：键是 key2，对应 StudentModel 对象，StudentModel
>   中的 age 属性是 22。

5. 数组对象绑定

编写示例 7，了解数组对象绑定的使用方法。

⊃ 示例 7

关键代码：

包装数组类关键代码：

```
// 包装数组类
public class StudentArray {

    //StudentModel 的数组
```

```
private StudentModel[] students= new StudentModel[5];

public StudentModel[] getStudents() {
  return students;
}

public void setStudents(StudentModel[] students) {
  this.students = students;
}

@Override
public String toString() {
  return "StudentArray [students=" + Arrays.toString(students) + "]";
}
}
```

private StudentModel[] students= new StudentModel[5]：数组作为属性，和 Set 一样也需要初始化，否则报错。

Handler 关键代码：

```
// 使用 @Controller 组件定义控制器
@Controller
// 定义访问控制器的路径 /example7/arrayController
@RequestMapping(value="/example7/arrayController")
public class ArrayController {

  // 绑定数组集合
  @RequestMapping(value="/bindArray.htm")
  public String bindArray(Model model ,StudentArray studentArray){
    model.addAttribute("msg",studentArray.toString());
    return "/example7/result";
  }
}
```

访问如下路径：

http://127.0.0.1:8080/article7/url/example7/arrayController/bindArray.htm?students[0].
name=Tom&students[0].age=11&students[2].name=Jerry&students[2].age=22

运行结果如图 7.7 所示。

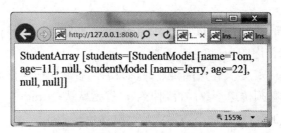

图 7.7　示例 7 的运行结果

> students[0].name=Tom：索引值为 0 的 StudentModel 的 name 属性赋值为 Tom。

> students[0].age=11：索引值为 0 的 StudentModel 的 age 属性赋值为 11。

> students[2].name=Jerry：索引值为 2 的 StudentModel 的 name 属性赋值为 Jerry。

> students[2].age=22：索引值为 2 的 StudentModel 的 age 属性赋值为 22。

7.1.2　注解数据绑定

使用 Spring MVC 注解绑定数据常用到以下 3 个注解：

> @RequestParam：绑定单个请求数据。

> @PathVariable：绑定 URL 模板变量值。

> @ModelAttribute：获取 model 中保存的值。

1．@RequestParam

编写示例 8，了解 @RequestParam 的使用方法。

⊃ 示例 8

关键代码：

Handler 关键代码：

```
// 使用 @Controller 组件定义控制器
@Controller
// 定义访问控制器的路径 /example8/paramController
@RequestMapping(value="/example8/paramController")
public class ParamController {

    //@RequestParam 绑定参数
    //value="paramAge" 接收客户端参数名为 paramAge 的参数值
    //required=true，必须传递参数，否则报错
    //defaultValue="100"，如果不传递参数，默认值是 100
    @RequestMapping(value="/bindParam.htm")
    public String bindParam(@RequestParam(value="paramAge",required=true,defaultValue="100")
    int age,Model model){
        model.addAttribute("msg","age="+age);
        return "/example8/result";
    }
}
```

@RequestParam(value="paramAge",required=true,defaultValue="100") int age：属性 age 接收的是客户端传递的 paramAge 参数。

value="paramAge"：定义客户端传递的参数名，省略则按属性名接收。

required=true：必须传递参数，否则报错，省略默认是 true。

defaultValue="100"：客户端不传递参数，默认值是 100。

访问如下路径：

http://127.0.0.1:8080/article7/url/example8/paramController/bindParam.htm?paramAge=33

运行结果如图 7.8 所示。

图 7.8　示例 8 的运行结果

2.　@PathVariable

注解 @PathVariable 用于在 Rest 风格请求路径中获取参数，下面我们编写示例 9，
了解 @ PathVariable 的使用方法。

➲ 示例 9

关键代码：

Handler 关键代码：

```
// 使用 @Controller 组件定义控制器
@Controller
// 定义访问控制器的路径 /example9/pathController
@RequestMapping(value="/example9/pathController")
public class PathController {
  //{studentId} 和 {schoolId} 表示当前位置的参数名
  @RequestMapping(value="/studentid/{studentId}/school/{schoolId}")
  //@PathVariable("studentId") 和 @PathVariable("schoolId") 表示获取 URL 中的参数
  public String bindParam(@PathVariable("studentId") int stuId, @PathVariable("schoolId")
  int schId,Model model){
    model.addAttribute("msg","@PathVariable: stuId = "+stuId+"  schId="+schId);
    return "/example9/result";
  }
}
```

➢ @RequestMapping(value="/studentid/{studentId}/school/{schoolId}")：
{studentId} 和 {schoolId} 表示当前位置的参数名。

➢ @PathVariable("studentId") int stuId：获取 URL 中 studentId 参数值，赋给
stuId。

➢ @PathVariable("schoolId") int schId：获取 URL 中 schoolId 参数值，赋给
schId。

访问如下路径：

http://127.0.0.1:8080/article7/url/example9/pathController/studentid/111/school/222

运行结果如图 7.9 所示。

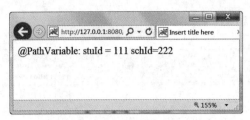

图 7.9　示例 9 的运行结果

3.　@ModelAttribute

编写示例 10，了解 @ModelAttribute 的使用方法。

⤵ 示例 10

关键代码：

Handler 关键代码：

```
// 使用 @Controller 组件定义控制器
@Controller
// 定义访问控制器的路径 /example10/modelAttrController
@RequestMapping(value="/example10/modelAttrController")
public class ModelAttrController {
  @RequestMapping(value="/bindAttribute.htm")
  //@ModelAttribute 的作用是在 Model 中加入 StudentModel 对象，键是 newStudent
  public String bindAttribute(@ModelAttribute(value="newStudent") StudentModel student,Model
  model){
    // 为 Model 中键是 newStudent 的 StudentModel 对象的 age 赋值
    ((StudentModel)model.asMap().get("newStudent")).setAge(11);
    model.addAttribute("msg","newStudent="+model.asMap().get("newStudent"));
    return "/example10/result";
  }
}
```

➢　@ModelAttribute(value="newStudent") StudentModel student：在 Model 中加入
　　StudentModel 对象，键是 newStudent。

➢　((StudentModel)model.asMap().get("newStudent")).setAge(11)：为 Model 中键是
　　newStudent 的 StudentModel 对象的 age 赋值。

访问如下路径：

http://127.0.0.1:8080/article7/url/example10/modelAttrController/bindAttribute.htm

运行结果如图 7.10 所示。

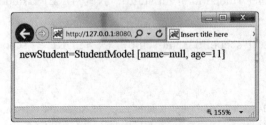

图 7.10　示例 10 的运行结果

@ModelAttribute 还可以标注非请求方法，此时 Controller 中的所有请求执行前都会先执行 @ModelAttribute 标注的方法，而它的返回对象被添加到 Model 中。

任务 2　Spring MVC 数据校验

关键知识点：

➤　编程式校验
➤　声明式校验

7.2.1　编程式校验

编程式校验需要实现 org.springframework.validation.Validator 接口，针对模型类进行校验。

编写示例 11，了解编程式校验的使用方法。

⊃ 示例 11

关键代码：

模型关键代码：

```
// 学生数据模型
public class StudentModel {
  // 学生姓名
  private String name;
  // 密码
  private String pwd;
  // 学生年龄
  private int age;
  public String getName() {
    return name;
  }
  //Spring 调用 setter 方法注入属性值
  public void setName(String name) {
    this.name = name;
  }
  public int getAge() {
    return age;
  }
  //Spring 调用 setter 方法注入属性值
  public void setAge(int age) {
    this.age = age;
  }
```

```
   public String getPwd() {
     return pwd;
   }
   public void setPwd(String pwd) {
     this.pwd = pwd;
   }
}
```

校验器关键代码：

```
public class StudentValidator implements Validator{
   // 验证是否支持校验的 StudentModel 对象，匹配则执行校验
   public boolean supports(Class<?> clazz) {
     return StudentModel.class.equals(clazz);
   }
   // 校验数据方法，Object 为需要校验的目标对象，Errors 为校验的错误信息
   public void validate(Object obj, Errors errors) {
     // 校验 name、pwd 属性为空时加入错误信息
     ValidationUtils.rejectIfEmpty(errors,"name",null," 姓名不能为空 ");
     ValidationUtils.rejectIfEmpty(errors,"pwd",null," 密码不能为空 ");
     // 有错误产生，返回
     if(errors.hasErrors()){
       return;
     }

     // 针对属性的规则进行具体校验
     StudentModel stu = (StudentModel)obj;
     if( stu.getName().length() < 5 || stu.getName().length() >10) {
       errors.rejectValue("name", null," 姓名长度错误，应在 5-10 之间 ");
     }
     if( stu.getPwd().length() < 8 || stu.getPwd().length() > 15) {
       errors.rejectValue("pwd", null," 密码长度错误，应在 8-15 之间 ");
     }
     if(stu.getAge()<=0 || stu.getAge() >100) {
       errors.rejectValue("age", null," 年龄错误，应在 1-100 之间 ");

     }
   }

}
```

➢ public boolean supports(Class<?> clazz)：用于判断被校验的类别是否正确，正确则继续执行 validate() 方法。

➢ public void validate(Object obj, Errors errors)：执行校验的方法。

➢ ValidationUtils.rejectIfEmpty(errors,"name",null," 姓名不能为空 "：用于判断目标对象的 name 属性，为空则在 errors 对象中加入错误信息。

➢ errors.rejectValue("pwd", null," 密码长度错误，应在 8-15 之间 ")：如果不符合

　　具体的校验规则，则在 errors 中加入错误信息，pwd 是错误信息对应的键。

　　在实际项目中，校验信息通常是保存在国际化属性文件中，有关国际化的使用方式将在后续章节中介绍。

Handler 关键代码：

```
// 使用 @Controller 组件定义控制器
@Controller
// 定义访问控制器的路径 /example11/validAttrController
@RequestMapping(value="/example11/validAttrController")
public class ValidController {
  StudentValidator studentValid = new StudentValidator();
  @RequestMapping(value="/validStudent.htm")
  public String validStudent(StudentModel student,Errors errors ){
    // 校验 student 对象
    studentValid.validate(student, errors);
    // 在 error.jsp 页面显示错误信息
    if(errors.hasErrors()) {
      return "/example11/error";
    }
    return "/example11/result";
  }
}
```

➢ public String validStudent(StudentModel student,Errors errors)：注入错误信息对象 Errors。

➢ studentValid.validate(student, errors)：对模型对象执行校验。

Error.jsp 关键代码：

```
<!-- 导入 Spring 的 form 标签 -->
<%@taglib prefix="sf" uri="http://www.springframework.org/tags/form" %>
...
<body>
<!-- studentModel 匹配方法中的参数 StudentModel -->
<sf:form commandName="studentModel">
  显示所有的错误信息
  <br>
  <sf:errors path="*"/>
  <br>
  <br>
  显示属性为 age 的错误信息
  <br>
  <sf:errors path="age"/>
</sf:form>
</body>
</html>
```

➢ <sf:form commandName="studentModel">：匹配 Controller 方法中的模型对象 StudentModel。

> ➢   \<sf:errors path="*"/>：显示所有的错误信息。
> ➢   \<sf:errors path="age"/>：显示键是 age 的错误信息。

访问如下路径：

http://127.0.0.1:8080/article7/url/example11/validAttrController/validStudent.htm?name=jackson&pwd=12345678&age=18

显示校验成功信息，如图 7.11 所示。

图 7.11   示例 11 无校验错误信息

再访问如下路径：

http://127.0.0.1:8080/article7/url/example11/validAttrController/validStudent.htm?name=jack&pwd=1234&age=111

显示校验错误信息，如图 7.12 所示。

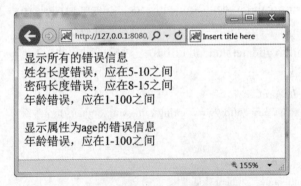

图 7.12   示例 11 有校验错误信息

7.2.2 声明式校验

JSR 303 是声明式给对象属性添加约束的规范文档，参考 JSR 303 的具体实现通常采用 Hibernate Validator，Hibernate Validator 提供了 JSR 303 规范中所有内置约束的实现，除此之外还有一些附加的约束。

使用 Hibernate Validator 需要引入以下 3 个 jar 包：

> ➢   validation-api-1.0.0.GA.jar：JSR 303 规范 API 包。
> ➢   hibernate-validator-4.3.2.Final.jar：SR 303 规范实现包 Hibernate Validator。
> ➢   jboss-logging-3.1.0.CR2.jar：依赖的包。

Hibernate Validator 常用的注解如表 7-1 所示。

表 7-1　Hibernate Validator 常用的注解

方法	说明
@Null	被注释的元素必须为 null
@NotNull	被注释的元素必须不为 null
@AssertTrue	被注释的元素必须为 true
@AssertFalse	被注释的元素必须为 false
@Min(value)	被注释的元素必须是一个数字，其值必须大于等于指定的最小值
@Max(value)	被注释的元素必须是一个数字，其值必须小于等于指定的最大值
@Size(max=, min=)	被注释的元素的大小必须在指定的范围内
@NotBlank(message =)	验证字符串非 null，且长度必须大于 0
@Email	被注释的元素必须是电子邮箱地址
@Length(min=,max=)	被注释的字符串的大小必须在指定的范围内
@NotEmpty	被注释的字符串必须非空
@Pattern(regex=,flag=)	被注释的元素必须符合指定的正则表达式

编写示例 12，了解 Hibernate Validator 校验的使用方法。

⊃ 示例 12

关键代码：

模型关键代码：

```
//name 为空错误
@NotNull(message="name 不能为空 ")
//name 长度错误
@Length(min=6,max=10,message="name 长度是 6-10 个字符 ")
private String name;
//age 范围错误
@Range(min=10,max=40 ,message="age 在 10-40 之间 ")
private int age;
//Email 格式错误
@Email(message=" 邮箱地址不正确 ")
private String email;
```

➢ @NotNull(message="name 不能为空 ")：name 属性为空时的错误信息。

➢ @Length(min=6,max=10,message="name 长度是 6-10 个字符 ")：name 属性长度不在 6-10 之间的错误信息。

➢ @Range(min=10,max=40,message="age 在 10-40 之间 ")：age 属性不在 10-40 之间的错误信息。

➢ @Email(message=" 邮箱地址不正确 ")：邮箱地址格式不正确的错误信息。

我们在 name 属性上标注了两个注解，如果需要更多的校验规则，还可以标注更多。

当属性值被注入后，属性自动校验，错误信息被加入到 Errors 对象中。

Handler 关键代码：

```
@Controller
// 定义访问控制器的路径 /example12/validAnnotationController
@RequestMapping(value="/example12/validAnnotationController")
public class ValidAnnotationController {

  @RequestMapping(value="/validStudent.htm")
  public String validStudent(@Valid StudentModel student,Errors errors ){
    // 在 error.jsp 页面中显示错误信息
    if(errors.hasErrors()) {
      return "/example12/error";
    }
    return "/example12/result";
  }
}
```

public String validStudent(@Valid StudentModel student,Errors errors)：@Valid 标注 StudentModel 对象执行注解校验，校验结果保存到 Errors 中。

Error.jsp 关键代码：

```
<!-- 导入 Spring 的 form 标签 -->
<%@taglib prefix="sf" uri="http://www.springframework.org/tags/form" %>
...
<body>
<!-- studentModel 匹配方法中的参数 StudentModel -->
<sf:form commandName="studentModel">
  <!-- 显示所有的错误信息  -->
  显示所有的错误信息
  <br>
  <sf:errors path="*"/>
  <br>
  <br>
  <!-- 显示属性为 age 的错误信息  -->
  显示属性为 age 的错误信息
  <br>
  <sf:errors path="age"/>
</sf:form>
</body>
</html>
```

- ➤   `<sf:form commandName="studentModel">`：匹配 Controller 方法中的模型对象 StudentModel。
- ➤   `<sf:errors path="*"/>`：显示所有的错误信息。
- ➤   `<sf:errors path="age"/>`：显示键是 age 的错误信息。

访问如下路径：

http://127.0.0.1:8080/article7/url/example12/validAnnotationController/validStudent.htm

不传递参数，运行结果如图 7.13 所示。

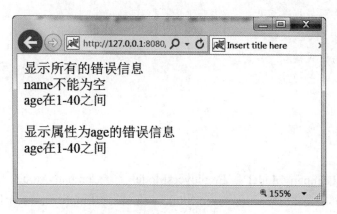

图 7.13　示例 12 不传递参数

再访问如下路径：

http://127.0.0.1:8080/article7/url/example12/validAnnotationController/validStudent.htm?email=
dsf&name=aa&age=11

运行结果如图 7.14 所示。

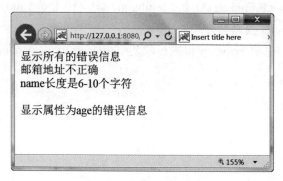

图 7.14　示例 12 传递参数

通过示例 11 和示例 12 可以看出，声明式校验比编程式校验更加方便，在编写模型时就可以定义校验规则，减少了校验类，提高了开发效率。

 **本章总结**

本章学习了以下知识点：

➢　Spring MVC 数据绑定。

◆　简单对象绑定

◆　自定义对象绑定

- ◆ 复合对象绑定
- ◆ 集合对象绑定
- ◆ 数组对象绑定
- ◆ 注解数据绑定
- ➢ Spring MVC 校验。
  - ◆ 编程式校验
  - ◆ 声明式校验

本章作业

1．编写 CompanyModel 和 EmployeesModel 类。CompanyModel 的属性包括：String companyName 和 List<EmployeesModel> empLis，EmployeesModel 的属性包括：String empName 和 int empAge。

2．使用声明式校验：

companyName：不能为空，长度是 3-10 个字符。

empName：不能为空，长度是 2-5 个字符。

empAge：大小在 18-60 之间。

提示：校验 List<EmployeesModel> empList，需要使用 @Valid 标注。

3．编写 Controller 处理客户端提交的数据。

4．编写错误信息页 error.jsp 和执行成功页 success.jsp，在 success.jsp 中显示客户端提交的数据。

第8章

Spring MVC 核心应用

▶ **本章重点：**

文件上传
拦截器
类型转换
请求转发与重定向
异常处理

▶ **本章目标：**

掌握文件上传
掌握拦截器
掌握异常处理

本章任务

学习本章需要完成以下 7 个工作任务:

任务 1: Spring MVC 文件上传

了解 Spring MVC 单文件上传的方式。

了解 Spring MVC 多文件上传的方式.

任务 2: Spring MVC 拦截器

编写自定义拦截器

任务 3: 静态资源处理

使用 Servlet 默认配置处理静态资源。

使用 Spring MVC 标签处理静态资源。

任务 4: 类型转换及格式化

编写 Converter 转换器。

编写 Formatter 格式化转换器。

任务 5: 请求转发与重定向

掌握 forward 与 redirect 的原理。

任务 6: 国际化与本地化

掌握本地化解析器的使用。

任务 7: 异常处理

自定义异常处理器。

简单异常处理器。

注解异常处理器。

请记录下学习过程中遇到的问题,可以通过自己的努力或访问 www.kgc.cn 解决。

任务 1 　 Spring MVC 文件上传

关键知识点:

➢ 单文件上传

➢ 多文件上传

8.1.1 单文件上传

在 Web 应用程序中,处理客户端上传的文件是经常需要的操作,Spring MVC 提供了使用方便的文件上传方法。

上传文件需要使用 Apache Commons FileUpload 组件，它是 Apache 的开源项目，依赖于 Apache Commons IO 组件。在工程中需要导入以下 jar 包：

➢　commons-fileupload-1.3.jar：处理上传文件。

➢　commons-io-2.2.jar：依赖包。

编写示例 1，了解单文件上传的使用方法。

➲ 示例 1

在 Form 表单中提交上传文件，在 Controller 中使用 commons-fileupload-1.3.jar 处理上传文件。

关键代码：

Form 表单关键代码：

```
<form action="${pageContext.request.contextPath }/example1/singleController/upload.htm"
   method="post" enctype="multipart/form-data">
   <input type="file" name="uploadFile"/>
   <input type="submit" value=" 上传 "/>
</form>
```

➢　action="${pageContext.request.contextPath}/example1/singleController/upload.htm"：表单的提交路径，pageContext.request.contextPath 可以获取到上下文路径，方便表示路径。

➢　enctype="multipart/form-data"：form 表单支持上传文件。

➢　<input type="file" name="uploadFile"/>：上传的文件 name 是 uploadFile，在 Controller 中接收。

Controller 关键代码：

```
@Controller
// 定义访问控制器的路径 /example1/singleController
@RequestMapping(value="/example1/singleController")
public class SingleController {

   // 处理上传文件
   @RequestMapping(value="/upload.htm")
   public String upload(@RequestParam("uploadFile")MultipartFile file,HttpSession session ) throws
   IllegalStateException, IOException{
      // 上传文件存储的路径，即 upload 文件夹
      String filePath = session.getServletContext().getRealPath("upload");
      if(!file.isEmpty()) {
         // 上传文件的全路径
         File tempFile = new File(filePath+"/"+file.getOriginalFilename());
         // 文件上传
         file.transferTo(tempFile);

      }
      return "/example1/success";
```

```
    }

    // 跳转到 form.jsp
    @RequestMapping("/toFormPage.htm")
    public String toFormPage(){
      return "/example1/form";
    }
  }
```

➢ @RequestParam("uploadFile")MultipartFile file：定义 MultipartFile 接收上传的文件。

➢ HttpSession session：注入 Session 对象，在方法中处理路径时使用。

➢ session.getServletContext().getRealPath("upload")：获取 upload 文件夹的路径，上传的文件存储在 upload 中。需要在 WebRoot 下创建 upload 文件夹。

➢ File tempFile = new File(filePath+"/"+file.getOriginalFilename())：upload 文件夹与上传的文件名组成上传后文件的全路径。

➢ file.transferTo(tempFile)：处理文件上传。

➢ public String toFormPage()：跳转到 Form 表单页面。

> 💬 提示：

上传的文件有可能发生重名的情况，实际项目中通常使用随机文件名，如 UUID.randomUUID().toString() 用于生成文件名。

配置文件关键代码：

```
<!-- 多部分解析器，支持文件上传 -->
  <bean id="multipartResolver" class="org.springframework.web.multipart.commons.
  CommonsMultipartResolver">
    <!-- 指定编码格式 -->
    <property name="defaultEncoding" value="utf-8"></property>
    <!-- 指定上传文件的最大值，单位是字节 -->
    <property name="maxUploadSize" value="100000000"></property>
    <!-- 上传文件临时保存的位置 -->
    <property name="uploadTempDir" value="tempDir"></property>
  </bean>
```

➢ org.springframework.web.multipart.commons.CommonsMultipartResolver：用于对上传文件进行解析。

➢ <property name="defaultEncoding" value="utf-8"></property>：指定上传文件的编码格式。

➢ <property name="maxUploadSize" value="100000000"></property>：指定上传文件的最大字节数。

➢ <property name="uploadTempDir" value="tempDir"></property>：指定上传文件临时保存的文件夹。

访问如下路径：

http://127.0.0.1:8080/article8/example1/singleController/toFormPage.htm

提交上传文件后，在 tomcat 安装目录的 webapps\article8\upload 下出现上传的文件。

8.1.2　多文件上传

多文件上传的处理方式和单文件类似，下面我们编写示例 2，了解多文件上传的使用方法。

⊃ 示例 2

关键代码：

Form 表单关键代码：

```
<form action="${pageContext.request.contextPath }/example2/multiController/multiUpload.htm"
  method="post" enctype="multipart/form-data">
  <input type="file" name="uploadFile"/>
  <input type="file" name="uploadFile"/>
  <input type="file" name="uploadFile"/>
  <input type="submit" value=" 上传 "/>
</form>
```

<input type="file" name="uploadFile"/>：定义多个上传文件组件。

Controller 关键代码：

```
// 处理上传文件
 @RequestMapping(value="/multiUpload.htm")
 public String upload(@RequestParam("uploadFile")MultipartFile[] files,HttpSession session ) throws
 IllegalStateException, IOException{

   // 上传文件存储的路径，即 upload 文件夹
   String filePath = session.getServletContext().getRealPath("upload");
   for(MultipartFile file:files){
     if(!file.isEmpty()) {
       // 上传文件的全路径
       File tempFile = new File(filePath+"/"+file.getOriginalFilename());
       // 文件上传
       file.transferTo(tempFile);

     }
   }

   return "/example2/success";
 }
```

➤　@RequestParam("uploadFile")MultipartFile[]：使用数组接收多文件。

➤　for(MultipartFile file:files)：遍历上传的多文件。

其他代码与处理单文件的情况相同。

访问如下路径：

http://127.0.0.1:8080/article8/example2/multiController/toFormPage.htm

提交上传文件后，在 tomcat 安装目录的 webapps\article8\upload 下出现上传的多个文件。

任务 2　Spring MVC 拦截器

关键知识点：

➢ 拦截器

拦截器是基于反射机制实现的，用于对处理器进行预处理和后处理，全称是处理器拦截器。当前端控制器接收到请求后，通过映射处理器获取处理流程链，处理流程链包括拦截器和处理器。如果没有配置拦截器，直接由处理器处理请求；如果配置了拦截器，那么按照配置文件顺序执行拦截器及处理器。

Spring MVC 框架提供了拦截器接口，通过实现 HandlerInterceptor 接口可以编写拦截器。HandlerInterceptor 接口主要提供了以下 3 个方法：

➢ preHandler()：预处理回调方法，实现处理器的预处理，在请求处理前执行。

➢ postHandler()：后处理回调方法，返回视图之前调用，请求处理完毕之后执行。

➢ afterCompletion()：整个请求处理完毕回调方法，返回视图之后调用，请求执行结束后执行。

编写示例 3，了解拦截器的使用方法。

◯ 示例 3

关键代码：

拦截器关键代码：

```
// 拦截器
public class MyIntercepor implements HandlerInterceptor{
    // 整个请求处理完毕回调方法，返回视图之后调用
    public void afterCompletion(HttpServletRequest request,
        HttpServletResponse response, Object handler, Exception e)
        throws Exception {
    System.out.println(" 执行 afterCompletion()");

    }
    // 后处理回调方法，返回视图之前调用
    public void postHandle(HttpServletRequest request, HttpServletResponse response,
        Object handler, ModelAndView modelAndView) throws Exception {
    System.out.println(" 执行 postHandle()");

    }
    // 预处理回调方法，实现处理器的预处理
    // 返回 true，执行下一个拦截器或处理器；返回 false，中断执行
    public boolean preHandle(HttpServletRequest request, HttpServletResponse response,
```

```
        Object handler) throws Exception {
        System.out.println(" 执行 preHandle()");
        return true;
    }
}
```

preHandle() 的返回值为 true 时，继续执行下一个拦截器或处理器，为 false 时中断执行，可以使用 response 做出响应处理。根据这一特点，项目中的权限校验通常使用拦截器实现。

这 3 个方法都有一个 Object handler 参数，它是被拦截的 Controller，可以直接调用 handler 执行 Controller 中的方法。

处理器关键代码：

```
@Controller
@RequestMapping(value="/example3/myController")
public class MyController {
    // 跳转到 success.jsp
    @RequestMapping("/toSuccessPage.htm")
    public String toSuccessPage(){
        System.out.println(" 执行 MyController 中的 toSuccessPage() 方法 ");
        return "/example3/success";
    }
}
```

配置文件关键代码：

```
<!-- 配置拦截器 -->
<mvc:interceptors>
    <mvc:interceptor>
        <!-- 拦截的路径 -->
        <mvc:mapping path="/example3/myController/*"/>
        <!-- 启用拦截器 -->
        <bean class="com.article8.example3.interceptors.MyIntercepor"></bean>
    </mvc:interceptor>
</mvc:interceptors>
```

访问如下路径：

http://127.0.0.1:8080/article8/example3/myController/toSuccessPage.htm

从后台输出信息可以看到拦截器的执行顺序，如下：

执行 preHandle()
执行 MyController 中的 toSuccessPage() 方法
执行 postHandle()
执行 afterCompletion()

任务 3　Spring MVC 静态资源处理

关键知识点：

➢ 静态资源处理

编写 Web 项目时，需要对静态资源进行处理。我们使用了 Spring MVC 框架后，Spring 将拦截请求路径，例如：

```
<servlet-mapping>
    <servlet-name>article8</servlet-name>
    <!-- 拦截 / 前缀路径，请求由 DispatcherServlet 处理 -->
    <url-pattern>/</url-pattern>
</servlet-mapping>
```

此时静态资源路径也会被拦截，如：http://127.0.0.1:8080/article8/static/js/my.js。

使用 Spring MVC 后，会把它当作请求的 Controller 路径处理，不能正确找到静态资源。可以激活 Tomcat 的默认 servlet 处理静态资源，在 web.xml 中加入如下映射：

```
<servlet-mapping>
    <servlet-name>default</servlet-name>
    <!-- 拦截 js 文件 -->
    <url-pattern>*.js</url-pattern>
</servlet-mapping>
```

可以按此方式定义所有的静态资源，这样访问静态资源的路径就不会被 Spring 拦截。

还可以使用 Spring MVC 的标签处理静态资源文件，在配置文件中做如下配置：

`<mvc:resources location="/static/" mapping="/static/**"/>`

此时也可以正常访问到静态资源，表 8-1 列出了这两种方式的区别。

表 8-1　静态资源处理方式对比

处理方式	提供者	优点	缺陷
servlet	Servlet 容器	性能良好	需要针对每个文件单独配置，不够灵活
<mvc:resource>	Spring MVC 框架	配置灵活，支持配置优先级	需要逐层匹配，影响性能

任务 4　类型转换及格式化

关键知识点：

➢ 类型转换

➢ 格式化

8.4.1　类型转换

Spring 的 org.springframework.core.convert.converter.Converter 是一个可以将一种类型转换成另一种类型的对象。Converter 的接口声明如下：

public interface Converter<S,T>

S 表示源类型，T 表示目标类型，如将 Long 转换为 Date 需要这样声明：

Public class MyConverter implements Converter<Long,Date>

编写示例 4，了解 Converter 的使用方法。

⊃ 示例 4

关键代码：

目标类和模型类关键代码：

```java
// 目标类型
public class MyPhone {
  private String areaCode;
  private String phoneNum;
  @Override
  public String toString() {
    return "MyPhone [areaCode=" + areaCode + ", phoneNum=" + phoneNum + "]";
  }
  public String getAreaCode() {
    return areaCode;
  }
  public void setAreaCode(String areaCode) {
    this.areaCode = areaCode;
  }
  public String getPhoneNum() {
    return phoneNum;
  }
  public void setPhoneNum(String phoneNum) {
    this.phoneNum = phoneNum;
  }

}

// 模型
public class UserModel {
  // 目标类型属性
  private MyPhone phone;

  public MyPhone getPhone() {
    return phone;
  }

  public void setPhone(MyPhone phone) {
    this.phone = phone;
  }

  @Override
  public String toString() {
```

```
      return "UserModel [phone=" + phone + "]";
  }
}
```

目标类型作为模型类的属性，将由转换器把 String 型数据转为目标类型。

转换器关键代码：

```java
// 实现 String 转 MyPhone
// 如 010-234234324 转为 MyPhone
public class MyConverter implements Converter<String, MyPhone> {
    // 参数是源类型，返回是目标类型
    public MyPhone convert(String source) {
        MyPhone phone = new MyPhone();
        String[] strArr = source.split("-");
        String areaCode = strArr[0];
        String phoneNum = strArr[1];
        phone.setAreaCode(areaCode);
        phone.setPhoneNum(phoneNum);
        return phone;
    }

}
```

控制器关键代码：

```java
@Controller
@RequestMapping(value="/example4/example4Controller")
public class Example4Controller {

    @RequestMapping("/toSuccessPage.htm")

    public String toSuccessPage(UserModel user,Model model){
        model.addAttribute("user", user);
        return "/example4/success";
    }
}
```

配置文件关键代码：

```xml
<!-- Spring MVC 注解驱动标签，引入转换器 -->
  <mvc:annotation-driven conversion-service="conversionConvertersService"/>
  <!-- 自定义转换器 -->
<bean id="conversionConvertersService" class="org.springframework.context.support.
ConversionServiceFactoryBean">
  <property name="converters">
    <list>
      <bean class="com.article8.example4.controller.MyConverter"></bean>
    </list>
  </property>
</bean>
```

访问如下路径：

http://127.0.0.1:8080/article8/example4/example4Controller/toSuccessPage.htm?phone=010-8978435

运行结果如图 8.1 所示。

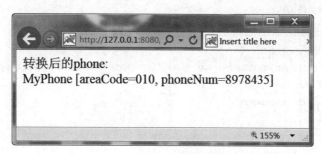

图 8.1　示例 4 的运行结果

从运行结果可以看出，请求参数 "010-8978435" 被转换为了 MyPhone 对象。

8.4.2　格式化

Formatter 和 Converter 一样，也是一个将一种类型转换为另一种类型的对象。但 Formatter 的源类型必须是 String 型，而 Converter 可以是任意的源类型。所以 Formatter 更适用于 Web 层，而 Converter 适用于任何位置。

编写示例 5，了解 Formatter 的使用方法。

⊃ 示例 5

关键代码：

转换器关键代码：

```
// 自定义格式化转换器，通过泛型指定转换的目标数据类型
public class MyFormatter implements Formatter<MyPhone>{
    // 返回格式化后的数据
    public String print(MyPhone phone, Locale locale) {

        return phone.toString();
    }
    // 格式化字符串，返回目标类型数据
    public MyPhone parse(String source, Locale locale) throws ParseException {
        MyPhone phone = new MyPhone();
        String[] strArr = source.split("-");
        String areaCode = strArr[0];
        String phoneNum = strArr[1];
        phone.setAreaCode(areaCode);
        phone.setPhoneNum(phoneNum);
        return phone;

    }
}
```

- ➤ public String print(MyPhone phone, Locale locale)：返回格式化后的字符串。
- ➤ public MyPhone parse(String source, Locale locale) throws ParseException：对字符串进行处理，返回目标类型数据。

配置文件关键代码：

```
<mvc:annotation-driven conversion-service="conversionFormatterService"/>
 <!-- 自定义格式化转换器 -->
 <bean id="conversionFormatterService" class="org.springframework.format.support.
 FormattingConversionServiceFactoryBean">
   <property name="formatters">
    <list>
      <bean class="com.article8.example5.controller.MyFormatter"></bean>
    </list>
   </property>
 </bean>
```

访问如下路径：

http://127.0.0.1:8080/article8/example5/example5Controller/toSuccessPage.htm?phone=010-8978435

运行结果与示例 4 相同，转换是由 MyFormatter 处理的。

从示例 4 和示例 5 可以看到，设置 Converter 和 Formatter 使用的都是 conversion-service，如果需要同时设置它们，可以使用如下方式：

```
<mvc:annotation-driven conversion-service="allConversionFormatterService"/>
 <bean id="allConversionFormatterService" class="org.springframework.format.support.Formatting-
    ConversionServiceFactoryBean">
   <property name="formatters">
    <list>
      <bean class="com.article8.example5.controller.MyFormatter"></bean>
    </list>
   </property>
     <property name="converters">
    <list>
      <bean class="com.article8.example4.controller.MyConverter"></bean>
    </list>
   </property>
 </bean>
```

FormattingConversionServiceFactoryBean 中设置了两个属性 formatters 和 converters，分别指定 Converter 和 Formatter。

任务 5　请求转发与重定向

关键知识点：

- ➤ forward 与 redirect

在学习 JSP 时我们已经了解了 forward（请求转发）和 redirect（重定向）的区

别，forward 是一次请求，在一个 request 范围内，而 redirect 是二次请求，不在同一个 request 范围内。

在 Spring MVC 中使用 forward 和 redirect 非常简单，下面我们编写示例 6，了解 forward 和 redirect 的使用方法。

● 示例 6.

关键代码：

Controller 类关键代码：

```
@Controller
@RequestMapping(value="/example6/example6Controller")
public class ForwardController {
  // 用于封装数据，不返回逻辑视图名
  @RequestMapping("/makeDataForward.htm")
  public String makeDataForward(Model model,HttpServletRequest request){
    // 在 model 和 request 中保存属性
    model.addAttribute("modelData", "model data");
    request.setAttribute("requestData", "request data");
    // 请求转发
    return "forward:toSuccessPage.htm";
  }


  // 用于封装数据，不返回逻辑视图名
  @RequestMapping("/makeDataRedirect.htm")
  public String makeDataRedirect(Model model,HttpServletRequest request){
    // 在 model 和 request 中保存属性
    model.addAttribute("modelData", "model data");
    request.setAttribute("requestData", "request data");
    // 重定向
    return "redirect:toSuccessPage.htm";
  }


  @RequestMapping("/toSuccessPage.htm")
  public String toSuccessPage(){

    return "/example6/success";
  }
}
```

➤　return "forward:toSuccessPage.htm"：请求转发到 toSuccessPage.htm。

➤　return "redirect:toSuccessPage.htm"：重定向到 toSuccessPage.htm。

请求转发和重定向只需要在返回逻辑视图名时使用"forward:"和"redirect:"作为前缀。

Success.jsp 关键代码：

model 中数据：${modelData}

\<br\>

```
<br>
request 中数据：${requestData}
<br>
```

在 JSP 页面中使用 EL 表达式取出 Model 和 request 中的属性值。

访问请求转发的路径，如下：

http://127.0.0.1:8080/article8/example6/example6Controller/makeDataForward.htm

运行结果如图 8.2 所示。

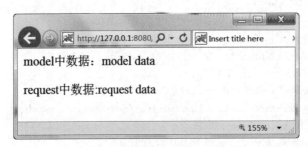

图 8.2　示例 6 请求转发运行结果

因为是在同一个 request 范围内，在 success.jsp 中可以把 Model 和 request 中保存的数据正常获取到。

访问重定向的路径，如下：

http://127.0.0.1:8080/article8/example6/example6Controller/makeDataRedirect.htm

运行结果如图 8.3 所示。

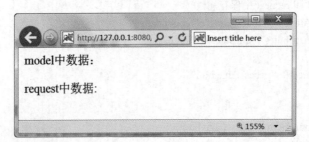

图 8.3　示例 6 重定向运行结果

因为不在同一个 request 范围内，success.jsp 获取不到 Model 和 request 中的数据。

此时浏览器上的路径已经改变，如下：

http://127.0.0.1:8080/article8/example6/example6Controller/toSuccessPage.
htm?modelData=model+data

在路径后面我们可以看到之前在 Model 中保存的属性，所以对重定向来说，如果确实需要传值又不想用 Session 保存，可以定义如下方法来接收 model 中保存的属性：

```
public String toSuccessPage(@ModelAttribute("modelData") String modelData)
```

> **提示:**
>
> Spring MVC 提供了 RedirectAttributes 对象专门用于处理重定向传参的问题,它可以定义为 Controller 方法的参数,如下:
>
> public String makeDataRedirect(RedirectAttributes redirectAttributes)
>
> 然后使用 redirectAttribute.addFlashAttribute("msg","hello") 保存属性,重定向后的页面可以获取到参数值。
>
> 但是这种方式采用的是在 session 中临时保存属性的方法,在重定向后的路径中不能体现传递的参数,如果刷新重定向后的页面,传递的数据会丢失。

任务 6　国际化和本地化

关键知识点:

➢　国际化和本地化

国际化是设计软件应用的过程中应用能被使用于不同语言和地区。如在中国使用软件用户看到的是中文,在美国使用软件用户看到的是英文。本地化是添加地区特定的组件和翻译文本,使得国际化软件适合特定地区或语言。国际化和本地化的目的是使软件适应不同语言和地区。除了语言翻译功能,国际化也可以应用在错误信息展示上。

国际化通常采用多属性文件的方式解决,每个属性文件保存一种语言的文字信息,不同语言的用户看到的是不同的内容。

1. Locale 与 ResourceBundle

Java 中表示语言区域使用 java.util.Locale,Locale 对象可以帮助区分出不同的语言区域。Locale 包含 language 表示语言,如 zh 表示中文、en 表示英文,但语言并不能完全表示一个语言区域,如美国、英国等都使用英文,而且并不完全一样。Locale 中还包含了 country 表示国家,如 CN 表示中国、US 表示美国。可以通过 Locale.getDefault() 返回用户的计算机语言区域。

Java.util.ResourceBundle 可以根据 Locale 的语言区域读取不同的属性文件,属性文件需要满足语言区域的命名格式,如下:

filename_language_country

例如我们定义两个语言区域的属性文件:

➢　message_zh_CN

➢　message_en_US

使用如下代码可以读取到相应的属性文件:

ResourceBundle rb = ResourceBundle.getBundle("message",Local.CN) ;

```
rb.getString("key");
```

> 💬 提示：
>
> 　　国际化（I18N），来源于英文单词 internationalization 的首末字母 i 和 n，18 为中间的字母数量。
>
> 　　本地化（L10N），来源于英文单词 localization 的首末字母 l 和 n，10 为中间的字母数量。

2. Spring MVC 国际化

Spring MVC 通过实现 MessageSource 接口来支持国际化。如果启用了国际化配置，Spring MVC 通过前端控制器处理视图模型对象时会调用国际化 getMessage() 方法。

Spring MVC 提供了一个本地化解析器接口 LocaleResolver，并且提供了很多实现类。DispatcherServlet 允许使用客户端本地化信息自动解析消息。这个工作由实现 LocaleResolver 的对象完成。

编写示例 7，了解 Spring MVC 国际化的使用方法。

➲ 示例 7

在 Controller 中和 JSP 页面中读取国际化属性信息。

关键代码：

配置文件关键代码：

```
<!-- 本地化解析器 -->
<bean id="localeResolver"
    class="org.springframework.web.servlet.i18n.AcceptHeaderLocaleResolver">
</bean>
```

属性文件关键代码：

```
//message_en_US.properties
controller.name=controller get name
controller.age=controller get age
jsp.name=jsp get name
jsp.age=jsp get age

//message_zh_CN.properties
controller.name=\u63A7\u5236\u5668\u4E2D\u83B7\u53D6name
controller.age=\u63A7\u5236\u5668\u4E2D\u83B7\u53D6age
jsp.name=\u9875\u9762\u4E2D\u83B7\u53D6name
jsp.age=\u9875\u9762\u4E2D\u83B7\u53D6age
```

在中文属性文件中表示中文需要使用 Unicode 码，MyEclipse 属性编辑器可以自动把中文转为 Unicode 码，实际上我们输入的是如下内容：

```
controller.name= 控制器中获取 name
controller.age= 控制器中获取 age
jsp.name= 页面中获取 name
jsp.age= 页面中获取 age
```

Controller 类关键代码：

```
@Controller
@RequestMapping(value="/example7/example7Controller")
public class Example7Controller {
    // 得到国际化属性文件中的信息
    @RequestMapping("/getLocale.htm")
    public String getLocale(Model model,HttpServletRequest request){
    //输出请求中的语言区域
    System.out.println("accept-language:"+request.getHeader("accept-language"));

        //request 上下文，用于读取国际化属性文件
        RequestContext requestContext = new RequestContext(request);
        // 读取属性文件中对应的键值
        String name = requestContext.getMessage("controller.name");
        String age = requestContext.getMessage("controller.age");
        // 保存到 model 中，在页面取值
        model.addAttribute("controllerName", name);
        model.addAttribute("controllerAge", age);


        return "/example7/success";
    }
}
```

➢ request.getHeader("accept-language")：请求中包含的语言区域信息。

➢ RequestContext requestContext = new RequestContext(request)：Request 中包含浏览器传过来的语言区域，构造 RequestContext 对象，用于读取不同的属性文件。

➢ requestContext.getMessage("controller.name")：读取键是"controller.name"的属性值。

Success.jsp 关键代码：

```
<%@taglib prefix="spring" uri="http://www.springframework.org/tags" %>
 ...
 <table border="1">
   <tr><td>controller.name: </td><td>${controllerName }</td></tr>
   <tr><td>controller.age: </td><td>${controllerAge }</td></tr>
   <tr><td>jsp.name: </td><td><spring:message code="jsp.name"/></td></tr>
   <tr><td>jsp.age: </td><td><spring:message code="jsp.age"/></td></tr>

 </table>
```

➢ <%@taglib prefix="spring" uri="http://www.springframework.org/tags" %>：在页面中读取属性文件中的内容，需要使用 spring 标签

➢ ${controllerName }：用 EL 表达式读取属性 controllerName。

➢ <spring:message code="jsp.name"/>：读取属性文件中键是"jsp.name"的属性值。

配置文件关键代码：

```
<!-- 支持国际化 -->
  <bean id="messageSource"
    class="org.springframework.context.support.ResourceBundleMessageSource">
    <!-- 指定资源文件位置及前缀名 -->
    <property name="basename" value="messages"/>
  </bean>


  <!-- 本地化解析器 -->
  <bean id="localeResolver"
    class="org.springframework.web.servlet.i18n.AcceptHeaderLocaleResolver">
</bean>
```

➤ ResourceBundleMessageSource：支持国际化，根据 Locale 选择不同语言的属性文件。

➤ <property name="basename" value="messages"/>：属性文件名前缀。

➤ AcceptHeaderLocaleResolver：默认的本地化解析器，根据浏览器响应头的语言区域信息确定 Locale。

访问如下路径：

http://127.0.0.1:8080/article8/example7/example7Controller/getLocale.htm

运行结果如图 8.4 所示。

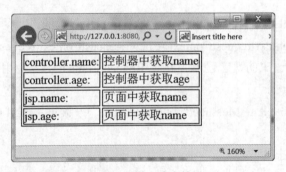

图 8.4　示例 7 请求结果

后台输出请求头中的语言区域信息如下：

accept-language:zh-CN

可以看到在控制器中使用 RequestContext 和在页面中使用 <spring:message> 标签都可以读取到属性文件中的内容，并且使用的是中文属性文件。

现在对浏览器的语言区域进行修改，如图 8.5 所示。

再次访问页面，如图 8.6 所示。

此时后台输出请求头中的语言区域信息如下：

accept-language:en-US

现在显示的英文数据都是从英文属性文件中读取出来的，请求头中的语言区域是 en-US。

图 8.5　修改语言区域

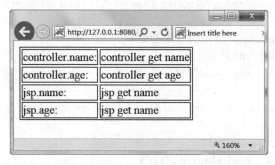

图 8.6　示例 7 读取英文属性文件

3．本地化解析器

示例 7 中用 AcceptHeaderLocaleResolver 解析本地化信息，它是以请求头中的语言区域信息进行本地化处理。Spring MVC 还提供了另外两种本地化解析器，如下：

➤ org.springframework.web.servlet.i18n.CookieLocaleResolver

➤ org.springframework.web.servlet.i18n.SessionLocaleResolver

（1）CookieLocaleResolver。

CookieLocaleResolver 是把 Locale 信息存储到用户浏览器的 cookie 中，客户端每次发出请求后，服务端根据 cookie 值确定读取哪一个属性文件。

编写示例 8，了解 CookieLocaleResolver 的使用方法。

⊃ 示例 8

使用 CookieLocaleResolver 在 Controller 中和 JSP 页面中读取国际化属性信息。

关键代码：

配置文件关键代码：

```
<bean id="localeResolver"
    class="org.springframework.web.servlet.i18n.CookieLocaleResolver">
```

```
</bean>
```
CookieLocaleResolver：解析 cookie 获取语言区域信息。

Controller 类关键代码：

```
// 得到国际化属性文件中的信息
  @RequestMapping("/showCookie.htm")
  public String showCookie(Model model,
     HttpServletRequest request,
     HttpServletResponse response,
     String langType){
   // 输出请求中的语言区域
   System.out.println("accept-language:"+request.getHeader("accept-language"));
   System.out.println(request.getCookies().toString());
   // 输出 cookie
   for(Cookie cookie :request.getCookies()){
     System.out.println("cookie:"+cookie.getName()+":"+cookie.getValue());
   }
// 设置 CookieLocaleResolver 中的语言区域
   if(langType.equals("zh")){
      Locale locale = new Locale("zh", "CN");

      (new CookieLocaleResolver()).setLocale (request, response, locale);
   }
   else if(langType.equals("en")){
      Locale locale = new Locale("en", "US");

      (new CookieLocaleResolver()).setLocale (request, response, locale);
   }

   //request 上下文，用于读取国际化属性文件
   RequestContext requestContext = new RequestContext(request);
   // 读取属性文件中对应的键值
   String name = requestContext.getMessage("controller.name");
   String age = requestContext.getMessage("controller.age");
   // 保存到 model 中，在页面取值
   model.addAttribute("controllerName", name);
   model.addAttribute("controllerAge", age);


   return "/example7/success";
  }
```

(new CookieLocaleResolver()).setLocale (request, response, locale)：设置 CookieLocale-Resolver 中的语言区域。

访问如下路径：

http://127.0.0.1:8080/article8/example8/example8Controller/showCookie.htm?langType=en

运行结果如图 8.7 所示。

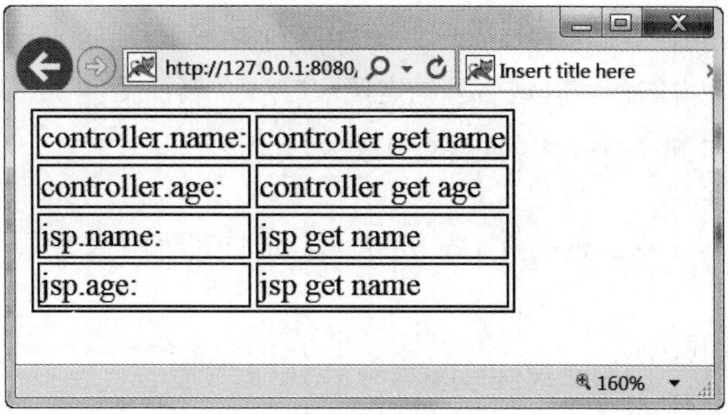

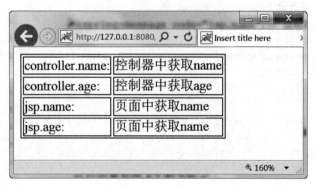

图 8.7　示例 8 请求结果（1）

再访问如下路径：

http://127.0.0.1:8080/article8/example8/example8Controller/showCookie.htm?langType=zh
运行结果如图 8.8 所示。

图 8.8　示例 8 请求结果（2）

初次请求时因为客户端没有生成 cookie 信息，所以为了分析后台信息，多次交替请求上面的路径，后台输出如下：

accept-language:en-US
[Ljavax.servlet.http.Cookie;@26e7c832
cookie:JSESSIONID:EC22594AC97F5E9891BDB7D10547AF44
cookie:org.springframework.web.servlet.i18n.CookieLocaleResolver.LOCALE:zh_CN
accept-language:en-US
[Ljavax.servlet.http.Cookie;@309b3e5e
cookie:JSESSIONID:EC22594AC97F5E9891BDB7D10547AF44
cookie:org.springframework.web.servlet.i18n.CookieLocaleResolver.LOCALE:en_US
accept-language:en-US：请求头中的语言区域没有变化，说明按请求头识别语言区域已经失效。

在 cookie 中保存了键 CookieLocaleResolver.LOCALE，当以后缀 langType=zh 访问时，因为上一次是以 langType=en 访问，所以在客户端存储的是 en_US，所以输出是

en_US，读取的是 zh_CN 属性文件，反之亦然。

（2）SessionLocaleResolver。

SessionLocaleResolver 是把 Locale 信息存储到 session 中，客户端每次发出请求后，服务端根据 session 中的语言区域信息确定读取哪一个属性文件。

编写示例 9，了解 SessionLocaleResolver 的使用方法。

⊃ 示例 9

使用 SessionLocaleResolver 在 Controller 中和 JSP 页面中读取国际化属性信息。

关键代码：

配置文件关键代码：

```
<!-- session 本地化解析器 -->
<bean id="localeResolver"
    class="org.springframework.web.servlet.i18n.SessionLocaleResolver">
</bean>
```

SessionLocaleResolver：解析 session 获取语言区域信息。

Controller 类关键代码：

```
// 设置 SessionLocaleResolver 中的语言区域
    if("zh".equals(langType)){
        Locale locale = new Locale("zh", "CN");
        request.getSession().setAttribute(SessionLocaleResolver.LOCALE_SESSION_ATTRIBUTE_
        NAME, locale);

    }
    else if("en".equals(langType)){
        Locale locale = new Locale("en", "US");
        request.getSession().setAttribute(SessionLocaleResolver.LOCALE_SESSION_ATTRIBUTE_
        NAME, locale);
    }
```

request.getSession().setAttribute(SessionLocaleResolver.LOCALE_SESSION_ATTRIBUTE_NAME, locale)：在 session 中设置语言区域属性。

访问如下路径：

http://127.0.0.1:8080/article8/example9/example9Controller/showSession.htm?langType=en

运行结果如图 8.9 所示。

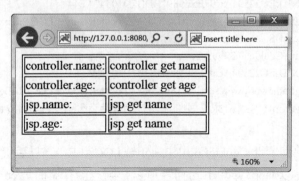

图 8.9 示例 9 请求结果（1）

再访问如下路径：

http://127.0.0.1:8080/article8/example9/example9Controller/showSession.htm?langType=zh

运行结果如图 8.10 所示。

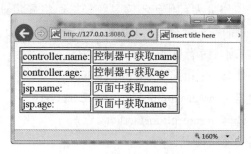

<table>
<tr><td>controller.name:</td><td>控制器中获取name</td></tr>
<tr><td>controller.age:</td><td>控制器中获取age</td></tr>
<tr><td>jsp.name:</td><td>页面中获取name</td></tr>
<tr><td>jsp.age:</td><td>页面中获取name</td></tr>
</table>

图 8.10　示例 9 请求结果（2）

4．本地化解析器拦截器

在实际项目中并不需要频繁地改变语言区域，通常是在初次请求时已经确定了语言区域。使用 CookieLocaleResolver 是把语言区域保存在用户端的 Cookie 中，使用 SessionLocaleResolver 是把语言区域保存在服务器 session 中，都可以保证用户的语言区域唯一。但是可能对某些特殊的请求需要切换语言区域，Spring MVC 提供了拦截器 LocaleChangeInterceptor 来帮助我们完成这项工作。

在配置文件中配置拦截器，代码如下：

```
<!-- 区域改变拦截器 -->
<!--<mvc:interceptors>
    <bean class="org.springframework.web.servlet.i18n.LocaleChangeInterceptor"/>
    <property name="paramName" value="language"/>
</mvc:interceptors>-->
```

<property name="paramName" value="language"/>：定义请求参数 language 表示语言区域，当 URL 中有如 language=zh_CH 参数时，拦截器进行相应语言区域的设置。

> 💬 提示：
>
> （1）LocaleChangeInterceptor 针对的是当前请求设置语言区域，当 URL 中没有 language 参数时，依然使用 Cookie 或 Session 中的语言区域。
>
> （2）LocaleChangeInterceptor 是拦截器的实现类，拦截的 URL 需要在配置文件中指定。

任务 7　异常处理

关键知识点：

➢ HandlerExceptionResolver

> SimpleMappingExceptionResolver
> @ExceptionHandler

在项目开发的过程中需要对异常进行有效的处理,如果每个过程都单独处理异常,系统的代码耦合度高、工作量大且代码不容易统一。而将异常处理从各处理过程解耦出来,就实现了异常信息的统一处理和维护,大大降低了维护复杂度。

在编写 Spring MVC 项目时有以下 3 种处理异常的方式:

> 自定义异常处理器 HandlerExceptionResolver
> 简单异常处理器 SimpleMappingExceptionResolver
> 注解实现异常处理 @ExceptionHandler

下面分别介绍它们的使用情况。

1. 自定义异常处理器

可以通过编写自定义异常处理器 HandlerExceptionResolver 来统一处理业务层异常,下面我们编写示例 10,了解 HandlerExceptionResolver 的使用方法。

⊃ 示例 10

关键代码:

自定义业务异常类关键代码:

```
// 自定义异常
public class BussinessException extends RuntimeException{
    public BussinessException() {
        super();
    }
    public BussinessException(String message, Throwable cause) {
        super(message, cause);
    }
    public BussinessException(String message) {
        super(message);
    }
    public BussinessException(Throwable cause) {
        super(cause);
    }
}
```

自定义异常处理器关键代码:

```
// 自定义异常处理器
public class BussinessExceptionHandler implements HandlerExceptionResolver{
    // 捕获到自定义异常时执行此方法
    public ModelAndView resolveException(HttpServletRequest request,
        HttpServletResponse response, Object object, Exception exception) {

        ModelAndView mav = new ModelAndView();
        mav.addObject("expMsg", exception.getMessage());
        mav.setViewName("/example10/error");
```

```
    return mav;
  }
}
```

public ModelAndView resolveException(HttpServletRequest request, HttpServlet-Response response, Object object, Exception exception)：系统发生异常后自动调用 resolveException() 方法。

Controller 关键代码：

```
// 定义访问控制器的路径 /example10/example10Controller
@RequestMapping(value="/example10/example10Controller")
public class Example10Controller {
  @RequestMapping(value="/getException.htm")
  public String getException() {
    // 假设发生业务层异常，统一抛出自定义业务异常，由自定义异常处理器捕获
    try{
      int num = Integer.parseInt("77yy");
    }catch(Exception e){
      throw new BussinessException(" 抛出自定义异常 ");
    }
    return "/example10/success";
  }
}
```

当业务类发生异常时，在 Controller 中抛出统一的业务异常类，就会被自定义异常处理器捕获处理。

配置文件关键代码：

```
<!-- 自定义异常处理器 -->
  <bean id="exceptionHandler" class="com.article8.example10.exception.
  BussinessExceptionHandler"></bean>
```

在配置文件中定义自定义异常处理器 BussinessExceptionHandler。

访问如下路径：

http://127.0.0.1:8080/article8/example10/example10Controller/getException.htm

运行结果如图 8.11 所示。

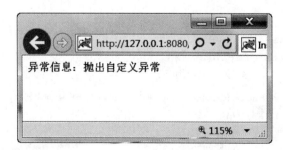

图 8.11　示例 10 的运行结果

2. 简单异常处理器

Spring MVC 提供了简单异常处理器 SimpleMappingExceptionResolver，下面我们编写示例 11，了解 SimpleMappingExceptionResolver 的使用方法。

➲ 示例 11

关键代码：

配置文件关键代码：

```
<!-- 使用 Spring MVC 框架提供的简单异常处理器 -->
<bean id="exceptionHandler"
 class="org.springframework.web.servlet.handler.SimpleMappingExceptionResolver">
 <!-- 默认的异常信息显示页面 -->
 <property name="defaultErrorView" value="/example11/error"></property>
 <!-- 用于页面获取异常信息的变量名 -->
 <property name="exceptionAttribute" value="expMsg"></property>
 <!-- 特殊异常显示页面 -->
 <property name="exceptionMappings">
  <props>
   <prop key="com.article8.example11.exception.BussinessException">/example11/myExp-
   business</prop>
  </props>
 </property>
</bean>
```

➢ <property name="defaultErrorView" value="/example11/error"></property>：默认的异常信息显示页面，当没有特殊异常显示页面时使用。

➢ <property name="exceptionAttribute" value="expMsg"></property>：用于页面获取异常信息的变量名，在页面中可以使用 EL 表达式取值。

➢ <property name="exceptionMappings">：定义特殊异常显示页面，可以针对不同的异常定义不同的显示页面。

访问如下路径：

http://127.0.0.1:8080/article8/example11/example11Controller/getException.htm

运行结果如图 8.12 所示。

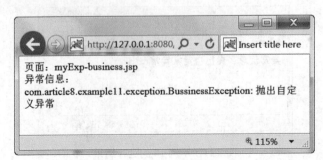

图 8.12　示例 11 的运行结果

3. 注解实现异常处理

Spring MVC 注解实现异常处理也非常方便，下面我们编写示例 12，了解注解处理异常的使用方法。

⊃ 示例 12

关键代码：

Controller 关键代码：

```
@RequestMapping(value="/getException.htm")
public String getException( ) {
  // 假设发生业务层异常，统一抛出自定义业务异常，由自定义异常处理器捕获
  try{
    int num = Integer.parseInt("77yy");
  }catch(Exception e){
    throw new BussinessException(" 抛出自定义异常 ");
  }
  return "/example12/success";
}
// 当前 Controller 发生 BussinessException 异常时执行
 @ExceptionHandler(BussinessException.class)
  public ModelAndView processException(BussinessException ex ) {
  ModelAndView mav = new ModelAndView();
  mav.addObject("expMsg",ex);
  mav.setViewName("/example12/error");
    return mav;
  }
```

@ExceptionHandler(BussinessException.class)：当前 Controller 发生 BussinessException 异常时执行此方法。

💬 **提示：**

（1）如果使用 @ExceptionHandler(Exception.class) 定义方法，方法将处理所有的异常。

（2）可以针对不同的异常编写不同的方法进行处理，在 @ExceptionHandler 中指明具体的异常类。

访问如下路径：

http://127.0.0.1:8080/article8/example12/example12Controller/getException.htm

运行结果如图 8.13 所示。

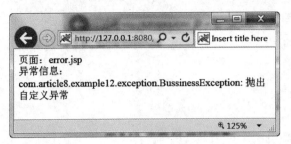

图 8.13 示例 12 的运行结果

 **本章总结**

本章学习了以下知识点：

➢ Spring MVC 文件上传。

➢ 单文件上传。

➢ 多文件上传。

➢ Spring 拦截器 HandlerInterceptor。

➢ Spring 静态资源处理。

➢ Converter 与 Formatter。

➢ 异常处理。

    ◆ HandlerExceptionResolver

    ◆ SimpleMappingExceptionResolver

    ◆ @ExceptionHandler

本章作业

使用 Spring MVC 编写多文件上传功能。

第9章

MyBatis 配置

▶ **本章重点：**

MyBatis 的使用方式

动态 SQL

▶ **本章目标：**

掌握 MyBatis 的使用方法

本章任务

学习本章需要完成以下 3 个工作任务：

任务 1：使用 XML 配置 MyBatis

了解 MyBatis 配置文件。

了解映射器。

任务 2：使用 MyBatis 编写程序

掌握 MyBatis 的编程方式。

任务 3：动态 SQL

掌握 MyBatis 动态 SQL 元素的使用方式。

请记录下学习过程中遇到的问题，可以通过自己的努力或访问 www.kgc.cn 解决。

任务 1 使用 XML 配置 MyBatis

关键知识点：

➤ MyBatis 配置文件

➤ 映射器

1. 准备开发环境

MyBatis 是半自动的映射框架，需要编写 POJO、SQL 和映射关系。通过配置动态 SQL，对复杂和需要优化性能的查询提供了方便的解决方案。

MyBatis 使用反射、动态代理等机制实现对 JDBC 的封装，提高了代码的编写效率和灵活性。本书以操作 MySQL 数据库作为示例，使用 MyBatis 需要引入以下 jar 包：

➤ mybatis-3.2.2.jar：MyBatis 框架。

➤ mysql-connector-java-3.1.10-bin.jar：JDBC 驱动程序。

2. MyBatis 配置文件

使用 MyBatis 需要先编写配置文件，配置文件中可以注册多个数据源，每个数据源需要包括数据库事务的配置和数据源信息的配置，示例如下：

```
<!-- 配置数据源环境使用 id 为 article9_mysql -->
<environments default="article9_mysql">
  <!-- 配置 id 是 article9_mysql 的数据源 -->
  <environment id="article9_mysql">
    <!-- 配置数据库事务，采用 JDBC 方式手工提交 -->
    <transactionManager type="JDBC"/>
    <!-- 使用数据库连接池 -->
```

```
    <dataSource type="pooled">
      <!-- 数据库连接信息 -->
      <property name="driver" value="com.mysql.jdbc.Driver" />
      <property name="url" value="jdbc:mysql://localhost:3306/db9" />
      <property name="username" value="root" />
      <property name="password" value="111111" />
    </dataSource>
  </environment>
 </environments>
```

>   `<environments default="article9_mysql">`：定义默认使用的数据源，本例是使用 id 为 "article9_mysql" 的数据源。

>   `<environment id="article9_mysql">`：定义 id 为 article9_mysql 的数据源。

>   `<transactionManager type="JDBC"/>`：配置数据源的事务处理方式，有以下 3 种类型可以使用：

    ◆ JDBC：使用 JDBC 方式管理事务，在编码时手工管理事务。如 MySQL 使用 InnoDB 引擎，需要使用 commit 进行事务提交。

    ◆ MANAGED：使用容器管理事务。

    ◆ 自定义：由用户自定义事务管理方式。

>   `<dataSource type="pooled">`：定义数据源使用数据库连接池，type="UNPOOLED" 表示不使用数据库连接池。

其他的 property 属性是数据库连接的各种参数。

3. 映射器介绍

映射器是使用 MyBatis 时使用最多的工具，操作数据库的 SQL 语句在映射器中配置，完成 POJO 与数据库中数据的映射工作。

在映射器中常用的元素如下：

>   Select：查询语句，可以自定义参数，返回结果集等。

>   Insert：插入语句，返回整数，表示插入的条数。

>   Update：更新语句，返回整数，表示更新的条数。

>   Delete：删除语句，返回整数，表示删除的条数。

通过这些元素的名称已经可以判断出它们与数据库增删改查的操作对应。例如需要编写查询功能时，映射器的查询元素配置文件如下：

```
<select id="getPersonList" resultType="com.article9.example1.pojo.Person">
  select * from t_person
</select>
```

>   `id="getPersonList"`：定义查询元素的 id 为 getPersonList，可以用 getPersonList 调用查询语句。

>   `resultType="com.article9.example1.pojo.Person">`：返回的结果类型。

>   `<select>`：元素中的内容是需要执行的 SQL 查询语句。

任务 2 　使用 MyBatis 编写程序

关键知识点：

➢ MyBatis 使用方式

9.2.1 　MyBatis 使用方式

1. 插入操作

编写示例 1，了解 MyBatis 的插入操作使用方法。

⊃ 示例 1

关键代码：

建表语句关键代码：

```
create table t_person
  (
      pid int auto_increment not null primary key,
      pname varchar(20) not null ,
      age int ,
      address varchar(50)
  );
```

Person 类关键代码：

```java
public class Person {
  private int pid ;
  private String pname ;
  private int age ;
  private String address ;
  public Person(){}
  public Person(String pname, int age, String address) {
    super();
    this.pname = pname;
    this.age = age;
    this.address = address;
  }
  public Person(int pid, String pname, int age, String address) {
    super();
    this.pid = pid;
    this.pname = pname;
    this.age = age;
    this.address = address;
  }
}
```

```
public int getPid() {
  return pid;
}
public void setPid(int pid) {
  this.pid = pid;
}
public String getPname() {
  return pname;
}
public void setPname(String pname) {
  this.pname = pname;
}
public int getAge() {
  return age;
}
public void setAge(int age) {
  this.age = age;
}
public String getAddress() {
  return address;
}
public void setAddress(String address) {
  this.address = address;
}
@Override
public String toString() {
  return "Person [pid=" + pid + ", pname=" + pname + ", age=" + age
      + ", address=" + address + "]";
}
}
```

Person 类需要符合 JavaBean 的定义规范，提供属性的 setter 和 getter 方法，赋值和取值由 MyBatis 自动调用。

MyBatic 配置文件关键代码：

```
<configuration>
  <!-- 配置数据源环境使用 id 为 article9_example1_mysql -->
  <environments default="article9_example1_mysql">
    <!-- 配置 id 是 article9_example1_mysql 的数据源 -->
    <environment id="article9_example1_mysql">
      <!-- 配置数据库事务，采用 JDBC 方式手工提交 -->
      <transactionManager type="JDBC"/>
      <!-- 使用数据库连接池 -->
      <dataSource type="pooled">
        <!-- 数据库连接信息 -->
        <property name="driver" value="com.mysql.jdbc.Driver" />
        <property name="url" value="jdbc:mysql://localhost:3306/db9" />
```

```
        <property name="username" value="root" />
        <property name="password" value="111111" />
    </dataSource>
  </environment>
</environments>


<!-- Mapper 映射器 -->
<mappers>
  <!-- 加载映射器资源文件 -->
  <mapper resource="com/article9/example1/pojo/PersonMapper.xml" />
</mappers>
</configuration>
```

➢ <mappers>：在 mappers 中可以配置多个映射器，针对每个 POJO 编写不同的映射器。

➢ <mapper resource="com/article9/example1/pojo/PersonMapper.xml" />：加载 Person 的映射器。

Person 映射器关键代码：

```
<!-- 定义操作 Person 对象的命名空间 -->
<mapper namespace="com.article9.example1.pojo.PersonMapper">
  <!-- 插入操作，返回参数是 Person 类型，自动回填主键 -->
  <insert id="addPerson" parameterType="com.article9.example1.pojo.Person"
    useGeneratedKeys="true" keyProperty="pid">
    insert into t_person values(null,#{pname},#{age},#{address})
  </insert>
</mapper>
```

➢ <mapper namespace="com.article9.example1.pojo.PersonMapper">：定义命名空间，与后面 <insert> 元素的 id 组合，可以调用相应的 SQL 语句。

➢ parameterType="com.article9.example1.pojo.Person"：定义参数是 Person 类型。

➢ useGeneratedKeys="true"：使用 MySQL 自增主键回填，插入成功后生成的主键可以自动赋值给 Person 对象。

➢ keyProperty="pid"：定义 pid 是主键字段。

➢ insert into t_person values(null,#{pname},#{age},#{address})：使用 Person 对象的属性作为参数，#{pname} 就是取 Person 的 pname 属性，由 MyBatis 自动执行 SQL。

执行 MyBatis 关键代码：

```
SqlSession session = null;
    try {
    // 载入 MyBatis 配置文件
    InputStream is = Resources.getResourceAsStream("com/article9/example1/
        example1SqlMapConfig.xml");
    // 使用 SqlSessionFactoryBuilder 创建 SqlSessionFactory
    SqlSessionFactory factory = new SqlSessionFactoryBuilder().build(is);
```

```
    // 开启 session，用于执行映射器中的操作
    session = factory.openSession();
    Person person = new Person("Tom",20,"China");
    // 执行插入操作，命名空间 + 操作 id
    int count = session.insert("com.article9.example1.pojo.PersonMapper.addPerson",person);
    // 提交事务
    session.commit();
    System.out.println(" 插入了 "+count+" 条数据 ");
    System.out.println(" 回填的主键是：" +person.getPid());

}catch(IOException e){
    e.printStackTrace();
}finally{
    if(session != null ){
        // 关闭 session
        session.close();
    }
```

执行 MyBatis 需要使用 SqlSessionFactoryBuilder 通过配置文件创建 SqlSession-Factory，SqlSessionFactory 可以开启 SqlSession。SqlSession 相当于 JDBC 的 Connection 对象，用于执行 MyBatis 的数据库操作。

➢ session.insert("com.article9.example1.pojo.PersonMapper.addPerson",person)：执行插入操作，第一个参数是映射器的命名空间加上方法名。MyBatis 将调用映射器中的 SQL 语句，并把 person 对象中的属性值注入到 SQL 语句中执行。

➢ session.commit()：因为使用的是 MySQL 的 InnoDB 引擎，需要使用手工提交事务，否则数据不能插入到数据库中。

➢ session.close()：关闭 session。

通过这段代码可以看到，MyBatis 的使用方式类似于 JDBC 的操作方式，首先开启 SqlSession，然后操作数据库，最后关闭 SqlSession。数据库操作 MyBatis 通过映射器实现，SQL 语句在映射器中配置，映射转换过程由 MyBatis 使用反射、动态代理自动完成。

执行结果：

```
插入了 1 条数据
回填的主键是：1
```

2. 其他操作

其他操作与插入操作的使用方式相同，都是要在映射器中进行配置，下面我们通过示例 2 来了解查询、删除、修改的使用方法。

⊃ 示例 2

关键代码：

Person 映射器关键代码：

```
<!-- 查询 Person 列表 -->
```

```xml
<select id="getPersonList" resultType="com.article9.example2.pojo.Person">
  select * from t_person
</select>
<!-- 更新 Person 类型 -->
<update id="updatePesron" parameterType="com.article9.example2.pojo.Person">
  update t_person set pname = #{pname} , age = #{age} , address = #{address} where pid = #{pid}
</update>
<!-- 通过 id 删除 person-->
<delete id="deletePerson" parameterType="int">
  delete from t_person where pid = #{pid}
</delete>
<!-- 通过 id 查询 Person-->
<select id="getPersonByPid" parameterType="int" resultType="com.article9.example2.pojo.Person">
  select * from t_person where pid = #{pid}
</select>
```

在操作元素中使用了 parameterType 和 resultType 属性。parameterType 表示调用方法时的参数类型，如果需要传递多个参数，需要使用 parameterType="map"，调用时传递 java.util.Map 接口。resultType 表示方法的返回类型。

执行 MyBatis 关键代码：

```
...
// 使用 selectList() 查询 Person 列表
List<Person> personList=
session.selectList("com.article9.example2.pojo.PersonMapper.getPersonList");
...
Person person = new Person(5,"Tom111",20,"China111");
// 使用 update() 更新 person
int count =
session.update("com.article9.example2.pojo.PersonMapper.updatePesron",person);
System.out.println(" 更新了 "+count+" 条数据 ");
...
// 通过 delete() 删除指定 id 的 person
int count =
session.delete("com.article9.example2.pojo.PersonMapper.deletePerson",5);
System.out.println(" 删除了 "+count+" 条数据 ");
...
//selectOne() 通过 id 查询一个 person 对象
Person p = session.selectOne("com.article9.example2.pojo.PersonMapper.getPersonByPid",6);
```

9.2.2 MyBatis 细节处理

1. typeAliase

别名（typeAliase）是指在配置文件中用简短的名称代替类全名，别名分为系统别名和自定义别名，不区分大小写。

➢ 系统别名：在前面的示例中 parameterType="int" 使用的是系统别名，别名 int 表示 Java 中的 Integer 类型，类似的 byte、long、double、float 等都是别名，表示 Java 中的封转类型，map、hashmap、list、arraylist 等表示 Java 中相应的集合类。

➢ 自定义别名：在前面的示例中，像 resultType="com.article9.example2.pojo.Person" 这种使用全类名的地方有很多，使用自定义别名可以简化配置。如在 MyBatis 配置文件中定义别名：

```
<typeAliases>
    <typeAlias alias="Person" type="com.article9.example2.pojo.Person"/>
</typeAliases>
```

然后在映射器的 resultType 和 parameterType 中可以使用 Person 进行引用。

2. typeHandler

MyBatis 之所以能够完成 java 数据类型与数据库字段类型映射转换的工作，实际上是使用 typeHandler 进行的处理。typeHandler 常用的配置为 java 类型（javaType）和 JDBC 类型（jdbcType），如 IntegerTypeHandler 完成 Integer、int 与数据库兼容类型 INTEGER 或 NUMERIC 的转换，还有 FloatTypeHandler、DoubleTypeHandler 等。

对于特殊的映射可以自定义 typeHandler，例如 java 对象中的属性值是小写字母，但是存储到数据库是大写字母，而从数据库中读取大写字母后，在 java 对象中转为小写字母，示例代码如下：

```java
public class TestTypeHandler implements TypeHandler<String> {
    @Override
    public void setParameter(PreparedStatement ps, int i, String parameter,
        JdbcType jdbcType) throws SQLException {
        // 小写字母转大写
        ps.setString(i,parameter.toUpperCase());
    }
    @Override
    public String getResult(ResultSet rs, String columnName)
        throws SQLException {
        // 通过字段名获取数据，大写字母转小写
        return rs.getString(columnName).toLowerCase();
    }
    @Override
    public String getResult(ResultSet rs, int columnIndex) throws SQLException {
        // 通过索引获取数据，大写字母转小写
        return rs.getString(columnIndex).toLowerCase();
    }
    @Override
    public String getResult(CallableStatement cs, int columnIndex)
        throws SQLException {
        return cs.getString(columnIndex).toLowerCase();
    }
}
```

TypeHandler<String>：需要实现 TypeHandler<T> 接口，本例是处理 String 类型数据。

setParameter() 方法和 getResult() 方法中的代码实际上就是 JDBC 的操作方式，在存储数据时和获取数据后进行相应的操作。

然后在 MyBatis 配置文件中配置自定义 typeHandler：

```
<typeHandlers>
    <typeHandler
      handler="com.article9.test.pojo.TestTypeHandler"
        javaType="string" jdbcType="VARCHAR"/>
  </typeHandlers>
```

➢ handler="com.article9.test.pojo.TestTypeHandler"：定义 typeHandler。

➢ javaType="string"：定义 Java 中的类型。

➢ jdbcType="VARCHAR"：定义数据库中的类型。在映射器的 resultMap 中，可以指定返回的 jdbcType 类型：

```
<resultMap type="com.article9.example1.pojo.Person" id="personMapper">
    <result property="pname" column="pname" jdbcType="VARCHAR"/>
</resultMap>
```

➢ jdbcType="VARCHAR"：可以调用到自定义的 TestTypeHandler 的 getResult() 方法转换大写字母为小写。在映射器的 SQL 语句中定义 jdbcType，可以调用到 TestTypeHandler 的 setParameter() 方法，如下：

```
<insert parameterType="Person" useGeneratedKeys="true" keyProperty="pid">
    Insert into t_person values(null,#{pname,jdbcType=VARCHAR},#{age})
  </insert>
```

3. resultMap

在示例 1 和示例 2 中，映射器都是使用 resultType 指定返回数据类型，Person 对象属性名与数据库表字段名相同，自动完成转换。还可以使用 resultMap 定义映射关系，在属性名与字段名不同时指定映射关系。

```
<!-- 定义结果映射器，表示 Person 的属性与数据表中字段的映射关系 -->
  <resultMap type="com.article9.example1.pojo.Person" id="personMapper">
    <id property="pid" column="p_id"/>
    <result property="pname" column="p_name"/>
  </resultMap>
```

➢ <resultMap type="com.article9.example1.pojo.Person" id="personMapper">：定义结果映射器，表示 Person 的属性与数据库表中字段的映射关系。

➢ <id property="pid" column="p_id"/>：定义主键的映射关系，property="pid" 表示 Person 的属性名，column="p_id" 表示数据库表的字段名。

➢ <result property="pname" column="p_name"/>：定义普通字段的映射关系，property="pname" 表示 Person 的属性名，column="p_name" 表示数据库表的字段名。Person 对象属性名是 pid 和 pname，表中字段是 p_id 和 p_name，名称并不相同，但是配置好映射关系后 MyBatis 可以完成转换。此时不需要使用 resultType 指定结果类型，需要使用 resultMap 属性定义，例如：

```
<select id="getPersonList" resultMap="personMapper">
```

➤ resultMap="personMapper"：personMapper 是 <resultMap> 定义的 id 值。<result-Map> 是映射器中最复杂的元素，不仅能完成简单数据类型的映射，还可以映射关联操作，将在后续章节中介绍。

4. SQL 片段

在映射器中不同的操作有可能 SQL 语句出现部分重复的情况，可以使用 SQL 元素定义重复的 SQL 片段，然后在需要的位置引用，例如：

```
<sql id="testsql">
    name,age,address
 </sql>
    <select id="getPersonList" resultType="com.article9.example1.pojo.Person">
    select <include refid="testsql"/> from t_person
  </select>
```

select <include refid="testsql"/> from t_person：<include> 的作用是把 id 值为 testsql 的 SQL 片段拼接到当前位置。

任务 3　动态 SQL

关键知识点：

➤ if

➤ choose

➤ foreach

➤ where、trim、set

在使用 JDBC 时经常需要根据需要去拼接 SQL 语句，而 MyBatis 提供了动态 SQL 来解决这个问题。使用动态 SQL 简单明了，大量的判断操作在映射器中配置，减少了 Java 类中的代码。

1. if

if 元素与 Java 中的 if 判断作用是相同的，通过 test 属性进行条件判断，决定是否拼接相应的 SQL 语句。

编写示例 3，了解 if 元素的使用方法。

⊃ 示例 3

关键代码：

映射器关键代码：

```
<!-- 查询 Person 列表 -->
 <select id="getPersonList" parameterType="map"  resultType="Person">
  select * from t_person where  1=1
```

```
    <if test="pname != null and pname !=''">
      and pname = #{pname}
    </if>
  </select>
```

➤ parameterType="map"：使用 map 类型作为参数。

➤ <if test="pname != null and pname != " ">：判断 map 中键是 pname 的值是否为空，不为空则把 if 元素包含的 SQL 语句进行拼接。

测试关键代码：

```
Map params = new HashMap();
 params.put("pname", "Tom");
// 使用 selectList() 查询 Person 列表，传递 Map 对象
List<Person> personList=
session.selectList("com.article9.example3.pojo.PersonMapper.getPersonList",params);
```

2. choose

choose 元素相当于 Java 的 switch 语句，提供了多种判断条件，下面我们编写示例 4，了解 choose 元素的使用方法。

➲ 示例 4

关键代码：

映射器关键代码：

```
<!-- 查询 Person 列表
  1. pname 不为空，拼接 and pname = #{pname}
  2. address 不为空，拼接 and address = #{address}
  3. 其他情况，拼接 and age = #{age}
-->
<select id="getPersonList" parameterType="map"  resultType="Person">
select * from t_person where  1=1
<choose>
  <when test="pname != null and pname !=''">
    and pname = #{pname}
  </when>
  <when test="address != null and address !=''">
    and address = #{address}
  </when>
  <otherwise>
    and age = #{age}
  </otherwise>
</choose>
</select>
```

choose、when、otherwise 对应的是 Java 中的 switch、case、default，根据条件判断执行哪一个分支。

测试关键代码：

```
Map params = new HashMap();
```

```
    params.put("pname", "Tom");
    params.put("address", "china");
    params.put("age", 3);
  // 使用 selectList() 查询 Person 列表，传递 Map 对象
  List<Person> personList= session.selectList("com.article9.example4.pojo.PersonMapper.
  getPersonList",params);
```

MyBatis 可以加入 Log4j.jar 进行日志输出，执行后日志中输出：

```
==> Preparing: select * from t_person where 1=1 and pname = ?
```

注释掉 params.put("pname", "Tom")，执行后日志中输出：

```
==> Preparing: select * from t_person where 1=1 and address = ?
```

再把 params.put("address", "china") 注释掉，执行后日志中输出：

```
==> Preparing: select * from t_person where 1=1 and age = ?
```

3. foreach

foreach 元素是循环操作，可以遍历数组和 list、set 接口的集合。下面我们编写示例 5，了解 foreach 元素的使用方法。

➲ 示例 5

关键代码：

映射器关键代码：

```
<!-- 查询 Person 列表，循环拼接 SQL
  -->
  <select id="getPersonList" parameterType="list"  resultType="Person">
    select * from t_person where pname in
    <foreach item="name" index="index" collection="list"
         open="(" separator="," close=")">
       #{name}
     </foreach>
  </select>
```

foreach 元素中的属性含义解释如下：

- collection：传递进来的 list 接口。
- item：配置循环的当前元素，表示集合中每一个元素进行迭代时的别名。
- index：当前元素的索引值，指定一个名称，用于表示在迭代的过程中每次迭代到的位置。
- open、close：配置使用什么符号把集合元素包装起来。
- separator：各个元素的间隔符。

测试关键代码：

```
List nameList = new ArrayList();
nameList.add("Tom");
nameList.add("Marry");
nameList.add("Jerry");
// 使用 selectList() 查询 Person 列表，传递 list 接口
List<Person> personList= session.selectList("com.article9.example5.pojo.PersonMapper.
```

```
        getPersonList",nameList);
```
执行结果：

==> Preparing: select * from t_person where pname in (? , ? , ?)

==> Parameters: Tom(String), Marry(String), Jerry(String)

4. where

示例3和示例4中，SQL语句中都使用where 1=1，因为如果后面的条件判断不成立，就不拼接其他语句，SQL语句依然可以正常执行。其实使用where元素可以不用这样处理，映射器配置代码如下：

```
<select id="getPersonList" parameterType="map" resultType="Person">
    select * from t_person
    <where>
        <if test="pname != null and pname != ' ' ">
        and pname = #{pname}
        </if>
    </where>
</select>
```

当if条件成立时，自动加上where关键字到SQL语句中，否则不加入。

5. trim

trim元素可以帮助我们加入和减少SQL的前缀和后缀，示例如下：

```
 <select id="getPersonList" parameterType="map" resultType="Person">
    select * from t_person
    <trim prefix="where" prefixOverrides="and" suffix="" suffixOverrides="">
     <if test="pname != null and pname != ' ' ">
     and pname = #{pname}
</if>
</trim>
```

当if条件成立时，prefixOverrides="and"的作用是去掉SQL前面的"and"，prefix="where"的作用是在SQL前面加上"where"。相应的属性还有suffix和suffixOverrides，用于处理SQL后面的内容。

6. set

当使用更新操作时，使用set元素可以帮助我们去掉多余的逗号，示例如下：

```
    <update id="addPerson" parameterType="Person" >
    update t_person
<set>
        <if test="pname != null and pname != ' ' ">
         name = #{pname},
        </if>
        <if test="address != null and address != ' ' ">
         address = #{address}
        </if>
</set>
```

\</update >

set 元素自动生成 set 关键字，如果第二个 if 条件不成立，第一个条件成立，则后面的逗号被去掉。

 **本章总结**

本章学习了以下知识点：
- ➤ MyBatis 使用方式。
    - ◆ MyBatis 配置文件
    - ◆ 映射器配置文件
- ➤ 动态 SQL。
    - ◆ if
    - ◆ choose
    - ◆ foreach
    - ◆ where
    - ◆ trim
    - ◆ set

 **本章作业**

创建数据库表 t_person 和字段 id、pname、age、address，实现增删改查。

随手笔记

第10章

MyBatis 高级应用

▶ **本章重点：**

对象关联
延迟加载
缓存
Spring 集成 MyBatis
动态 SQL

▶ **本章目标：**

掌握 MyBatis 关联对象的使用方法
掌握延迟加载的方法
掌握 Spring 集成 MyBatis 的配置方式
掌握 Spring 管理事务的方法

本章任务

学习本章需要完成以下 4 个工作任务:

任务 1: 使用 MyBatis 处理对象关联

一对一关联。

一对多关联。

多对多关联。

延迟加载。

缓存 cache。

任务 2: 注解实现 MyBatis

了解 MyBatis 的注解实现方式。

任务 3: Spring 集成 MyBatis

掌握 Spring 集成 MyBatis 的配置方式。

任务 4: 使用 Spring 管理事务

掌握 Spring 的声明式事务。

记录下学习过程中遇到的问题,可以通过自己的努力或访问 www.kgc.cn 解决。

任务 1　使用 MyBatis 处理对象关联

关键知识点:

- ➢ 一对一关联
- ➢ 一对多关联
- ➢ 多对多关联
- ➢ 延迟加载
- ➢ 缓存 cache

10.1.1　对象关联

MySQL 数据库是关系型数据库,表之间有一对一、一对多、多对多关联。但是 Java 是面向对象语言,需要把数据库的关联关系转化为 Java 语言中的对象关系。在使用 JDBC 时需要手工处理有关系的对象的装配工作,而使用 MyBatis 可以帮助我们自动地装配关联对象,只需要在映射器配置文件中进行配置。

1. 一对一关联

编写示例 1,了解一对一关联的使用方法。

⊃ 示例 1

以项目中使用的权限功能举例，设定用户只可以对应一个角色。

关键代码：

建表和插入语句关键代码：

```
create table t_user
(
    uid int auto_increment not null primary key,
    username varchar(20) not null,
    roleid int
);
create table t_role
(
    rid int auto_increment not null primary key,
    rolename varchar(20) not null
);
insert into  t_role (rolename) values('role1')
insert into  t_user (username,roleid) values('user1',1)
```

Roleid 字段是 t_user 表的外键，它关联 t_role 表的主键，它们之间是一对一的关系。

Role 类关键代码：

```
// 角色对象
public class Role {
    private int rid;
    private String rolename;
    public int getRid() {
        return rid;
    }
    public void setRid(int rid) {
        this.rid = rid;
    }
    public String getRolename() {
        return rolename;
    }
    public void setRolename(String rolename) {
        this.rolename = rolename;
    }
    @Override
    public String toString() {
        return "Role [rid=" + rid + ", rolename=" + rolename + "]";
    }
}
```

Role 类需要符合 JavaBean 的定义规范，提供属性的 setter 和 getter 方法，赋值和取值由 MyBatis 自动调用。

Role 映射器关键代码：

```
<!-- 定义操作 Role 对象的命名空间 -->
<mapper namespace="com.article10.example1.pojo.RoleMapper">

    <!-- 根据 id 查询 Role 对象 -->
    <select id="findRoleById" parameterType="int" resultType="Role">
      select * from t_role where rid=#{rid}
    </select>
</mapper>
```

在 Role 映射器中定义了 findRoleById 查询操作，将在 User 映射器中调用完成对象的组装。

User 类关键代码：

```
// 用户对象
public class User {
  private int uid;
  private String username;
  // 关联的角色对象
  private Role role;

  public int getUid() {
    return uid;
  }
  public void setUid(int uid) {
    this.uid = uid;
  }
  public String getUsername() {
    return username;
  }
  public void setUsername(String username) {
    this.username = username;
  }
  public Role getRole() {
    return role;
  }
  public void setRole(Role role) {
    this.role = role;
  }
  @Override
  public String toString() {
    return "User [uid=" + uid + ", username=" + username + ", role=" + role
        + "]";
  }
}
```

在 User 对象中包含 Role 对象属性，表示 User 与 Role 是一对一关联。

User 映射器关键代码：

```
<!-- 定义操作 User 对象的命名空间 -->
<mapper namespace="com.article10.example1.pojo.UserMapper">
  <!-- 定义 resultMap，指定 Java 属性与表字段的映射关系 -->
  <resultMap id="userMap1" type="com.article10.example1.pojo.User">
    <id property="uid" column="uid"/>
    <result property="username" column="username"/>
    <!--association 表示一对一关联，查询出对象并赋值给属性
      property="role"：表示 User 中的属性 role 对象
      column="roleid"：表示表中的 roleid 字段
      select：把 roleid 的值传递给 select 对应的操作
      -->
    <association property="role" column="roleid"
      select="com.article10.example1.pojo.RoleMapper.findRoleById"
    ></association>
  </resultMap>

  <!-- 根据 id 查询 User 对象，resultMap 使用的是前面定义的 userMap1 -->
  <select id="getUser" parameterType="int" resultMap="userMap1">
    select * from t_user where uid=#{uid}

  </select>
</mapper>
```

➢ association：表示一对一关联，查询出对象并赋值给属性。

➢ property="role"：表示 User 中的属性 role 对象。

➢ column="roleid"：表示表中的 roleid 字段。

➢ select：把 roleid 的值传递给 select 对应的操作，查询出对象并赋值给 role 属性。

MyBatic 配置文件关键代码：

```
<configuration>

  <typeAliases>
    <typeAlias alias="Role" type="com.article10.example1.pojo.Role"/>
    <typeAlias alias="User" type="com.article10.example1.pojo.User"/>
  </typeAliases>

  <!-- 配置数据源环境使用 id 为 article10_mysql -->
  <environments default="article10_mysql">
    <!-- 配置 id 是 article10_mysql 的数据源 -->
    <environment id="article10_mysql">
      <!-- 配置数据库事务，采用 JDBC 方式手工提交 -->
      <transactionManager type="JDBC"/>
      <!-- 使用数据库连接池 -->
      <dataSource type="pooled">
        <!-- 数据库连接信息 -->
        <property name="driver" value="com.mysql.jdbc.Driver" />
        <property name="url" value="jdbc:mysql://localhost:3306/db10" />
```

```
        <property name="username" value="root" />
        <property name="password" value="111111" />
    </dataSource>
  </environment>
</environments>

<!-- Mapper 映射器 -->
<mappers>
  <!-- 加载映射器资源文件 -->
  <mapper resource="com/article10/example1/pojo/UserMapper.xml" />
  <mapper resource="com/article10/example1/pojo/RoleMapper.xml" />
</mappers>

</configuration>
```

执行 MyBatis 关键代码：

```
User user=
session.selectOne("com.article10.example1.pojo.UserMapper.getUser",1);
    System.out.println(user);
```

执行结果：

```
User [uid=1, username=user1, role=Role [rid=1, rolename=role1]]
```

我们只查询了 User 对象，但是关联的 Role 对象也被查询了出来。

2. 一对多关联

以示例 1 为基础编写示例 2，了解一对多关联的使用方法。

⊃ 示例 2

还是以权限功能举例，设定角色与权限是一对多的关系，每个权限只能赋予一个角色。

关键代码：

建表和插入语句关键代码：

```
create table t_Privilege
(
    pid int auto_increment not null primary key,
    privilegename varchar(20) not null ,
    url varchar(20) not null,
    roleid int
);
insert into  t_Privilege (privilegename,url,roleid) values(' 访问 url1','/test1',1);
insert into  t_Privilege (privilegename,url,roleid) values(' 访问 url2','/test2',1);
```

在权限表 t_Privilege 中 roleid 字段关联表 t_role 的主键，它们之间是一对多的关系。

Privilege 类关键代码：

```
// 权限对象
public class Privilege {
    private int pid;
    private String privilegename;
```

```
private String url;
```
...

Privilege 映射器关键代码：

```xml
<!-- 定义操作 Privilege 对象的命名空间 -->
<mapper namespace="com.article10.example2.pojo.PrivilegeMapper">
  <!-- 通过 roleid 查询 Privilege 列表 -->
  <select id="findPrivilegesByRoleId" parameterType="int" resultType="Privilege">
    select * from t_Privilege where roleid=#{rid}
  </select>
</mapper>
```

定义查询操作 findPrivilegesByRoleId，用于根据 roleid 查询 Privilege 的列表数据。

Role 类关键代码：

```java
// 角色对象
public class Role {
  private int rid;
  private String rolename;
  // 使用 List 表示一对多关系
  private List<Privilege> privilegeList;
  ...
```

Role 对象中使用 List<Privilege> 属性，表示与 Privilege 对象的一对多关系。

Role 映射器关键代码：

```xml
<!-- 定义操作 Role 对象的命名空间 -->
<mapper namespace="com.article10.example2.pojo.RoleMapper">
  <!-- 定义映射关系 -->
  <resultMap id="privilegeMap1" type="com.article10.example2.pojo.Role">
    <id property="rid" column="rid"/>
    <result property="rolename" column="rolename"/>
    <!-- collection: 表示一对多关系
    property: Role 对象的 privilegeList 属性
    column: 表中的 rid 字段
    select: 执行的查询操作
    -->
    <collection property="privilegeList" column="rid" select="com.article10.example2.pojo.
    PrivilegeMapper.findPrivilegesByRoleId"> </collection>
  </resultMap>
  <!-- 根据 roleid 查询 Role -->
  <select id="getRole" parameterType="int" resultMap="privilegeMap1">
    select * from t_role where rid=#{rid}

  </select>
</mapper>
```

➢ <collection>：定义一对多关系。

➢ property="privilegeList"：对象中的属性，使用后面的 select 操作执行结果赋值。

➢ column="rid"：表中的字段，用于传递给后面的 select 执行查询操作。

> ➢ select="com.article10.example2.pojo.PrivilegeMapper.findPrivilegesByRoleId"：
> 需要执行的查询操作。

执行 MyBatis 关键代码：

```
Role role=
    session.selectOne("com.article10.example2.pojo.RoleMapper.getRole",1);
    System.out.println(role);
```

执行结果：

Role [rid=0, rolename=role1, privilegcList=[Privilege [pid=1, privilegename= 访问 url1, url=/test1], Privilege [pid=2, privilegename= 访问 url2, url=/test2]]]

我们只查询了 Role 对象，但是关联的多个 Privilege 对象也被查询了出来。

3. 多对多关联

多对多在数据库中是使用中间表进行关联处理，在 MyBatis 中配置使用的还是 <collection>，需要在两个关联对象映射器中都使用。与示例 2 中方式相同，只是在查询对象列表时需要通过中间表实现，读者可以自己尝试完成多对多的功能。

10.1.2　MyBatis 加载特性

1. 延迟加载

在示例 1 和示例 2 中，当我们加载对象时，关联的属性对象也会被同时加载。此时就会产生一个问题，有时调用加载方法时我们并不需要使用到被关联的属性对象，那么加载被关联的对象就成了多余的操作。MyBatis 中可以使用延迟加载的策略解决这个问题，就是当我们加载对象时并不加载关联的属性对象，而当需要时再进行加载。

对示例 2 的执行代码进行如下修改：

```
Role role=
    session.selectOne("com.article10.example2.pojo.RoleMapper.getRole",1);
    System.out.println(role.getRolename());
    System.out.println(role.getPrivilegeList());
```

显示的 log4j 日志信息如下：

```
==> Preparing: select * from t_role where rid=?
==> Parameters: 1(Integer)
==> Preparing: select * from t_Privilege where roleid=?
==> Parameters: 1(Integer)
role1
[Privilege [pid=1, privilegename= 访问 url1, url=/test1], Privilege [pid=2, privilegename= 访问 url2,
url=/test2]]
```

从日志中可以看到，查询完 t_role 表后，马上查询 t_Privilege 表，也就是默认关联的对象被同时加载了。

在 MyBatis 配置文件中加入如下配置：

```
<settings>
    <!-- 打开延迟加载的开关 -->
```

```
<setting name="lazyLoadingEnabled" value="true" />
  <setting name="aggressiveLazyLoading" value="false"/>
</settings>
```

lazyLoadingEnabled 和 aggressiveLazyLoading 可以打开延迟加载属性，延迟加载需要引入 cglib 和 asm 两个 jar 包。再次执行查询，日志信息如下：

```
==> Preparing: select * from t_role where rid=?
==> Parameters: 1(Integer)
role1
==> Preparing: select * from t_Privilege where roleid=?
==> Parameters: 1(Integer)
[Privilege [pid=1, privilegename= 访问 url1, url=/test1], Privilege [pid=2, privilegename= 访问 url2,
url=/test2]]
```

此时的日志信息与没有配置延迟加载的日志信息有明显的区别，查询 t_role 表后输出了 role.getRolename() 的内容，然后调用 role.getPrivilegeList() 后再查询 t_ Privilege 表，也就是关联的对象只有在需要时才进行加载。

前面的延迟加载是全局配置，对所有的关联对象都起作用，但对于某些关联对象我们又希望它不是延迟加载的，可以在 association 和 collection 元素中设置 fetchType 属性，fetchType="lazy" 表示延迟加载，fetchType="eager" 表示即时加载。

2. 缓存 cache

缓存可以极大地提升系统的性能，MyBatis 提供了一级缓存和二级缓存。

（1）一级缓存。

MyBatis 在默认情况下只开启一级缓存，一级缓存是指在同一个 SqlSession 中提供缓存功能。在参数和 SQL 完全一样的情况下，第一次查询结果保存到缓存中，后续查询只是在缓存中取数据，而不需要再次查询数据库。例如对示例 1 的执行代码进行如下修改：

```
User user=
    session.selectOne("com.article10.example1.pojo.UserMapper.getUser",1);
    System.out.println(user);
User user2=
    session.selectOne("com.article10.example1.pojo.UserMapper.getUser",1);
    System.out.println(user2);
```

执行后的日志信息如下：

```
==> Preparing: select * from t_user where uid=?
==> Parameters: 1(Integer)
==> Preparing: select * from t_role where rid=?
==> Parameters: 1(Integer)
User [uid=1, username=user1, role=Role [rid=1, rolename=role1]]
User [uid=1, username=user1, role=Role [rid=1, rolename=role1]]
```

从日志中可以看出，虽然执行了两次查询操作，但只查询了一遍数据库，第二次查询是在一级缓存中获取的数据。

💬 **提示：**

　　（1）当 session 提交（commit）或者关闭（close）后，缓存数据清空。
　　（2）当发生 insert、update、delete 操作后缓存数据失效。

　　（2）二级缓存。

　　二级缓存是在 SqlSessionFactory 范围内起作用，下面修改示例 1 的代码，首先在 MyBatis 配置文件中开启二级缓存：

```
<settings>
  <setting name="cacheEnabled" value="true"></setting>
</settings>
```

然后在 User 的映射器中配置使用二级缓存，使用 <cache/> 标签：

```
<mapper namespace="com.article10.example1.pojo.UserMapper">
  <cache/>   <!- 配置二级缓存 -->
 ...
</mapper>
```

使用二级缓存支持的类需要实现 Serializable 接口，必须是可序列化的：

```
public class User implements Serializable
```

在执行代码中打开新的 session，测试二级缓存是否生效：

```
User user=
session.selectOne("com.article10.example1.pojo.UserMapper.getUser",1);
    System.out.println(user);
    session.close();
    // 开启新的 session，二级缓存生效
    session = factory.openSession();
  User user2=
session.selectOne("com.article10.example1.pojo.UserMapper.getUser",1);
    System.out.println(user2);
```

执行日志如下：

```
==> Preparing: select * from t_user where uid=?
==> Parameters: 1(Integer)
==> Preparing: select * from t_role where rid=?
==> Parameters: 1(Integer)
User [uid=1, username=user1, role=Role [rid=1, rolename=role1]]
Closing JDBC Connection [com.mysql.jdbc.Connection@6c1989b5]
User [uid=1, username=user1, role=Role [rid=1, rolename=role1]]
```

从日志输出信息中可以看出，查询只执行了一遍，说明二级缓存起到了作用。

　　二级缓存在实际使用中通常是使用第三方的缓存，如单服务器可以使用 Encache，多服务器可以采用分布式的 Memcached、redis 等，有兴趣的读者可以自行了解它们的使用方式。

任务 2　注解实现 MyBatis

关键知识点：

➤　注解映射接口

MyBatis 使用注解的方式也可以实现 SQL 映射的功能，但是注解是受限的，功能较少，使用 XML 配置文件能带来更大的灵活性和可读性，在实际使用中推荐使用 XML 的方式。

我们只需要对注解的方式有简单的了解即可，下面编写示例 3 来了解 MyBatis 注解的使用方式。

⊃ 示例 3

使用注解方式需要定义映射接口，在接口中定义操作的方法。

关键代码：

UserMapper 类关键代码：

```
//user 映射器，调用注解操作
public interface UserMapper {
  // 注解实现查询
  @Select(value="select * from t_user where uid=#{uid}")
  public User getUser(int uid);
}
```

MyBatic 配置文件关键代码：

```
<!-- Mapper 映射器 -->
  <mappers>
    <!-- 加载映射器类 -->
    <mapper class="com.article10.example3.pojo.UserMapper"/>
  </mappers>
```

在 mappers 中指定实现的映射接口。

执行 MyBatis 关键代码：

```
// 获取映射接口
UserMapper userMapper = session.getMapper(UserMapper.class);
User user=userMapper.getUser(1);
System.out.println(user);
```

使用 session.getMapper() 获取配置文件中定义的映射接口，然后执行接口方法，注解中的 SQL 语句就会执行。

使用注解处理简单的操作确实很方便，但正如前面提到的，如果是复杂的处理，就需要更多的注解内容，Java 类的可读性就会变差。

任务 3　Spring 集成 MyBatis

关键知识点：

➢　DriverManagerDataSource

➢　SqlSessionFactoryBean

➢　MapperFactoryBean

MyBatis 是用于数据持久层的框架，在 Web 项目中通常使用 Spring 对其进行管理。

编写示例 4，了解 Spring 集成 MyBatis 的使用方式。

⊃ 示例 4

需要编写 DAO 接口实现对 MyBatis 映射操作的调用。

关键代码：

UserDAO 接口关键代码：

```
public interface UserDAO {
    public User getUser(int uid);
    public int insertUser(User user);
}
```

本示例以查询和插入为例，定义了 MyBatis 操作接口 UserDAO。

MyBatic 配置文件关键代码：

```
<configuration>
  <!-- 别名 -->
  <typeAliases>
    <typeAlias alias="User" type="com.article10.example4.pojo.User"/>
  </typeAliases>
  <!-- Mapper 映射器 -->
  <mappers>
    <mapper resource="com/article10/example4/pojo/UserMapper.xml" />
  </mappers>
</configuration>
```

MyBatis 配置文件中不再需要配置数据库访问信息，而是在 Spring 配置文件中配置。

UserMapper.xml 关键代码：

```
    <!-- 命名空间需要与 UserDao 接口的全类名一致 -->
<mapper namespace="com.article10.example4.dao.UserDAO">
  <!-- 根据 id 查询 User 对象 -->
  <select id="getUser" parameterType="int"  resultType="User">
    select * from t_user where uid=#{uid}
  </select>
  <!-- 插入 User 对象 -->
  <insert id="insertUser" parameterType="User">
    insert into t_user (username) values(#{username})
```

```
    </insert>
</mapper>
```
命名空间需要与 UserDao 接口的全类名一致才能实现接口和 Mapper 的绑定。

Spring 配置文件关键代码：

```
<!-- 数据库连接信息，不用编写 Mybatis 相应配置 -->
<bean id="jdbcDataSource"
class="org.springframework.jdbc.datasource.DriverManagerDataSource">
    <property name="driverClassName" value="com.mysql.jdbc.Driver" />
    <property name="url" value="jdbc:mysql://localhost:3306/db10" />
    <property name="username" value="root" />
    <property name="password" value="111111" />
</bean>
<!-- sqlSessionFactory，注入数据源，载入 MyBatis 配置文件 -->
<bean id="sqlSessionFactory" class="org.mybatis.spring.SqlSessionFactoryBean">
    <property name="dataSource" ref="jdbcDataSource" />
    <property name="configLocation"
value="classpath:com/article10/example4/example4SqlMapConfig.xml" />
</bean>
<!-- UserDAO 的代理 bean，注入 sqlSessionFactory，指定代理的接口 -->
<bean id="userDao" class="org.mybatis.spring.mapper.MapperFactoryBean">
    <property name="sqlSessionFactory" ref="sqlSessionFactory" />
    <property name="mapperInterface" value="com.article10.example4.dao.UserDAO" />
</bean>
```

➢ id="jdbcDataSource"：定义数据源，包括数据库连接的所有属性信息。

➢ id="sqlSessionFactory"：作用相当于直接使用 MaBatis 时创建的 SqlSession-Factory，需要注入数据源并指定 MyBatis 配置文件的位置。

➢ id="userDao"：MyBatis 的映射接口，需要注入 sqlSessionFactory 并使用 sqlSessionFactory 实现对数据库的操作。属性 mapperInterface 指定需要调用的接口是 UserDAO。

执行关键代码：

```
ApplicationContext ctx = new
ClassPathXmlApplicationContext("com/article10/example4/applicationContext.xml");
    UserDAO userDAO = (UserDAO)ctx.getBean("userDao");
    System.out.println(userDAO.getUser(1));
    User user = new User();
    user.setUsername("newuser");
    userDAO.insertUser(user);
```

在 Spring 中载入 userDAO，直接调用接口方法即可执行，实际调用的是与接口名相同的 Mapper 中的操作。

提示：

　　Spring 管理的 MaBatis 不能实现一级缓存，因为每一次数据库操作都生成新的 SqlSession 对象。

示例 4 中的方式需要我们对每一个 DAO 对象进行配置，如果 DAO 很多，工作量就会很大。实际上可以采用自动扫描的方式进行处理。

在 Spring 配置文件中进行如下配置：

```
<bean class="org.mybatis.spring.mapper.MapperScannerConfigurer">
  <property name="basePackage" value="com.article10.example4.dao"></property>
  <property name="annotationClass"
value="org.springframework.stereotype.Repository"></property>
</bean>
```

➢ name="basePackage"：对指定的包扫描。

➢ name="sqlSessionFactoryBeanName"：为 DAO 注入 sqlSessionFactory。

➢ name="annotationClass"：类被这个注解标识才进行扫描。

使用 @Repository 对 DAO 接口进行注解，就不再需要在 Spring 配置文件中定义 DAO 了。

任务 4　　使用 Spring 管理事务

关键知识点：

➢ DataSourceTransactionManager

➢ <tx:annotation-driven>

在示例 4 中，我们并没有进行事务提交操作，事务是由 Spring 自动管理提交的，每次数据库操作都是在单独的事务中。但是事务通常是在业务层进行处理，数据持久层并不需要处理。Spring 提供的事务管理可以让我们轻松地实现在业务层提交事务。

编写示例 5，了解 Spring 对 MyBatis 事务管理的使用方式。

⊃ 示例 5

采用注解的方式实现事务管理。

关键代码：

Spring 配置文件关键代码：

```
<!-- 扫描包，自动装配 bean，自动识别 @Service 和 @Repository -->
  <context:component-scan base-package="com.article10"></context:component-scan>

  <!-- 数据库连接信息，不用编写 Mybatis 相应配置 -->
  <bean id="jdbcDataSource" class="org.springframework.jdbc.datasource.
  DriverManagerDataSource">
   <property name="driverClassName" value="com.mysql.jdbc.Driver" />
   <property name="url" value="jdbc:mysql://localhost:3306/db10" />
   <property name="username" value="root" />
   <property name="password" value="111111" />
  </bean>
```

```xml
<!-- sqlSessionFactory，注入数据源，载入 MyBatis 配置文件 -->
<bean id="sqlSessionFactory" class="org.mybatis.spring.SqlSessionFactoryBean">
  <property name="dataSource" ref="jdbcDataSource" />
  <property name="configLocation" value="classpath:com/article10/example5/
  example5SqlMapConfig.xml" />
</bean>


  <!-- 自动扫描映射器 -->
<bean class="org.mybatis.spring.mapper.MapperScannerConfigurer">
  <property name="basePackage" value="com.article10.example5"></property>
  <property name="sqlSessionFactoryBeanName" value="sqlSessionFactory"></property>
  <property name="annotationClass" value="org.springframework.stereotype.Repository">
  </property>
</bean>


<!-- 事务管理器，对注入的数据源进行事务管理 -->
<bean id="txManager"
    class="org.springframework.jdbc.datasource.DataSourceTransactionManager">
    <property name="dataSource" ref="jdbcDataSource"></property>
</bean>
<!-- 使用声明式事务管理方式，@Transactional -->
<tx:annotation-driven transaction-manager="txManager"/>
```

➢ DataSourceTransactionManager：是 Spring 的事务管理器，它可以对注入的数据源进行事务管理。

➢ \<tx:annotation-driven\>：是指定使用注解进行事务管理。

业务层 UserBiz 关键代码：

```java
// 定义 Service 组件
@Service("userBiz")
public class UserBiz {
 @Autowired
 private UserDAO userDAO;
 // 定义方法内容在一个事务内
 @Transactional
 public void insetTwo(){
  User u1 = new User();
  u1.setUsername("user111");
  User u2 = new User();
  u2.setUsername("user222");
  // 执行插入操作
  userDAO.insertUser(u1);
  if(1==1){
   // 抛出异常后事务回滚
   throw new RuntimeException(" 抛出异常 ");
  }
  userDAO.insertUser(u2);
```

```
    }
}
```

@Transactional：注解事务，表示当前方法在一个事务内，方法中的数据库操作要么都执行，要么都不执行。

UserDAO 关键代码：

```
// 持久层接口
@Repository
public interface UserDAO {
    public User getUser(int uid);
    public int insertUser(User user);
}
```

@Repository：声明持久层组件。

UserMapper.xml 关键代码：

```xml
<!-- 命名空间需要与 UserDao 接口的全类名一致 -->
<mapper namespace="com.article10.example5.dao.UserDAO">
    <!-- 插入 User 对象 -->
    <insert id="insertUser" parameterType="User">
        insert into t_user (username) values(#{username})
    </insert>
</mapper>
```

执行关键代码：

```
UserBiz userBiz = (UserBiz)ctx.getBean("userBiz");
userBiz.insetTwo();
```

在日志信息中可以看到事务回滚的信息：

```
Initiating transaction rollback
-Rolling back JDBC transaction on Connection [com.mysql.jdbc.Connection@773829d5]
```

所以数据库中也没有插入数据，事务在 UserBiz 的方法中起到了作用。

本章总结

本章学习了以下知识点：

> MyBatis 对象关联。
  - 一对一关联。
  - 一对多关联。
  - 多对多关联。
  - 延迟加载。
  - 一级缓存、二级缓存。
> Spring 集成 MyBatis。
> 使用 Spring 管理事务。

**本章作业**

作业要求：

（1）创建数据库表 t_person 和字段 id、pname，创建表 t_book 和字段 id、bname、pid，pid 是 t_person 表的外键。

（2）创建 Person 和 Book 对象，Person 中包含 Book 对象的列表。

（3）创建 Person 和 Book 的映射器文件和对应的操作接口 DAO，实现对 Person 的查询和添加方法。

（4）配置 Spring 集成 MyBatis，通过业务层 Biz 对 DAO 进行调用，实现对 Person 的查询和添加方法，并对添加方法实现声明式事务。

PersonBiz 中的方法：public void insertPerson(Person person,List<Book> bookList) 可以实现添加 Person 和关联的 Book。

（5）测试代码。

随手笔记

第11章

SSM 框架整合

本章重点：

包结构规划
SSM 配置

本章目标：

编写登录、退出功能
动态菜单

本章任务

学习本章需要完成以下 3 个工作任务:

任务 1: 搭建 SSM 框架

规划目录结构。

配置 SSM。

任务 2: 引入 bootstrap

了解 bootstrap。

任务 3: 实现管理权限

权限拦截。

动态菜单。

请记录下学习过程中遇到的问题,可以通过自己的努力或访问 www.kgc.cn 解决。

任务 1   搭建 SSM 框架

关键知识点:

➢   规划包结构

11.1.1   准备 SSM 开发环境

本章将讲解如何使用 SSM 开发程序,除了前面讲到的 Spring MVC、Spirng、MyBatis 的使用情况,读者还需要掌握 HTML、js、css 等相关技术。

1. SSM 的 java 包结构

首先在创建的工程中导入所需的 Spring、MyBatis 包和依赖的 log4j、DBCP 包等,然后需要规划好 java 类文件的包结构,如图 11.1 所示。

➢   common:用于存放工具类,如分页工具、JSON 转换工具等。

➢   controller:用于存放 Spring MVC 的控制器。

➢   dao:用于存放数据持久层对象,包括 MyBatis 的映射接口和 XML 映射文件,dao 包下再按实体名进行分包。

➢   interceptor:用于存放自定义拦截器,如控制 session 和权限处理。

➢   pojo:用于存放实体类。

➢   service:用于存放业务层对象。

属性文件和配置文件包括:

➢   applicationContext-mybatis.xml:Spring 整合 MyBatis 的配置文件。

> jdbc.properties：数据源信息相关的属性文件。

> log4j.properties：log4j 的属性文件。

> mybatis-config.xml：MyBatis 的配置文件。

> spring-servlet.xml：Spring MVC 的配置文件。

页面的目录结构如图 11.2 所示。

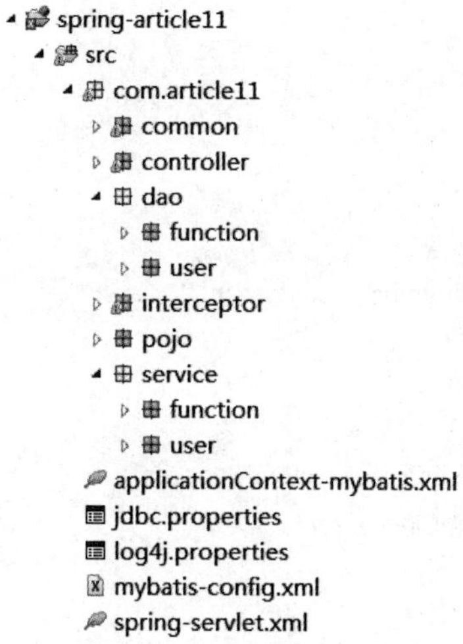

图 11.1　SSM 包结构

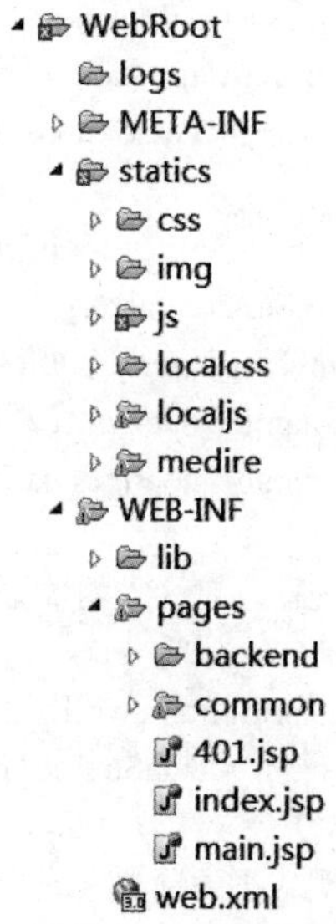

图 11.2　页面目录结构

> logs：用于保存 log4j 的日志文件。

> statics：用于保存 css、js、图片等资源。

> WEB_INF/pages：用于保存 JSP 文件。

2. 配置 SSM

我们已经有了清晰的目录结构，现在就可以配置整合 SSM 了。

（1）jdbc.properties。

数据源信息保存在 jdbc.properties 中，如下：

```
driverClassName=com.mysql.jdbc.Driver
url=jdbc\:mysql\://localhost\:3306/article11?useUnicode\=true&characterEncoding\=UTF-8
uname=root
password=111111
```

（2）applicationContext-mybatis.xml。

```
<!-- 读取 JDBC 的配置文件 -->
<context:property-placeholder location="classpath:jdbc.properties"/>


<!-- 获取数据源（dbcp 连接池） -->
<bean id="dataSource" class="org.apache.commons.dbcp.BasicDataSource" destroy-
method="close" scope="singleton">
```

```
    <property name="driverClassName" value="${driverClassName}"/>
    <property name="url" value="${url}"/>
    <property name="username" value="${uname}"/>
    <property name="password" value="${password}"/>

</bean>
  <!-- 事务管理 -->
<bean id="transactionManager"
class="org.springframework.jdbc.datasource.DataSourceTransactionManager">
    <property name="dataSource" ref="dataSource"/>
</bean>
<!-- 配置 mybatis sqlSessionFactoryBean -->
<bean id="sqlSessionFactory"
class="org.mybatis.spring.SqlSessionFactoryBean">
    <property name="dataSource" ref="dataSource"/>
    <property name="configLocation" value="classpath:mybatis-config.xml"/>
</bean>
<!-- 事务管理器，对注入的数据源进行事务管理 -->
<bean id="txManager"
    class="org.springframework.jdbc.datasource.DataSourceTransactionManager">
    <property name="dataSource" ref="dataSource"></property>
</bean>
<!-- 使用声明式事务管理方式，@Transactional -->
<tx:annotation-driven transaction-manager="txManager"/>

    <!-- mapper 接口所在包名，spring 会自动查找其下的 Mapper -->
    <bean class=" org.mybatis.spring.mapper.MapperScannerConfigurer">
        <property name="basePackage" value="com.article11.dao"/>
    </bean>
```

Spring 配置文件中配置数据源、事务、自动扫描 MyBatis 映射包等。

（3）mybatis-config.xml。

MyBatis 配置文件中配置别名，方便引用，如下：

```
<typeAliases>
    <!-- 实体类取别名，方便在 mapper 中使用 -->
    <package name="com.article11.pojo"/>
</typeAliases>
```

（4）spring-servlet.xml。

配置 Spring MVC，如下：

```
<!-- 以 annotation 的方式装配 controller-->
    <mvc:annotation-driven/>
    <!-- Spring 扫描包下所有类，让标注 spring 注解的类生效 -->
    <context:component-scan base-package="com.article11"/>

    <!-- 视图的对应 -->
    <bean class="org.springframework.web.servlet.view.InternalResourceViewResolver"
```

```
    <property name="viewClass" value="org.springframework.web.servlet.view.JstlView"/>
    <property name="prefix" value="/WEB-INF/pages/"/>
    <property name="suffix" value=".jsp"/>
</bean>
<!-- 静态文件映射 -->
<mvc:resources location="/statics/" mapping="/statics/**"/>

<!-- 配置文件上传 -->
<bean id="multipartResolver" class="org.springframework.web.multipart.commons.
CommonsMultipartResolver">
    <property name="maxUploadSize" value="5000000"/>
</bean>

<!-- 配置 interceptors -->
<mvc:interceptors>
  <mvc:interceptor>
    <mvc:mapping path="/backend/**"/>
    <bean class="com.article11.interceptor.SysInterceptor">
    </bean>
  </mvc:interceptor>
</mvc:interceptors>
```

配置了自动扫描、视图解析器和自定义拦截器等。

11.1.2　设计数据库

权限数据库设计

权限是软件项目中的基础功能，下面就来设计相应的数据表结构。

（1）用户表。

```
CREATE TABLE 'au_user' (
 'id' int(11) NOT NULL AUTO_INCREMENT,
 'loginCode' varchar(45) DEFAULT NULL,
 'userName' varchar(45) DEFAULT NULL,
 'roleid' int(11) DEFAULT NULL,
 'roleName' varchar(45) DEFAULT NULL,
 'password' varchar(45) DEFAULT NULL,
 PRIMARY KEY ('id')
) ENGINE=InnoDB AUTO_INCREMENT=3 DEFAULT CHARSET=utf8;
```

（2）角色表。

```
CREATE TABLE 'au_role' (
 'id' int(11) NOT NULL AUTO_INCREMENT,
 'roleCode' varchar(45) DEFAULT NULL,
 'roleName' varchar(45) DEFAULT NULL,
 'descript' varchar(45) DEFAULT NULL,
 PRIMARY KEY ('id')
```

```
) ENGINE=InnoDB AUTO_INCREMENT=3 DEFAULT CHARSET=utf8;
```

（3）权限表。

```
CREATE TABLE 'au_function' (
 'id' int(11) NOT NULL AUTO_INCREMENT,
 'functionCode' varchar(45) DEFAULT NULL,
 'functionName' varchar(45) DEFAULT NULL,
 'funcUrl' varchar(200) DEFAULT NULL,
 'parentId' int(11) DEFAULT NULL,
 PRIMARY KEY ('id')
) ENGINE=InnoDB AUTO_INCREMENT=5 DEFAULT CHARSET=utf8;
```

（4）角色权限中间表。

```
CREATE TABLE 'au_authority' (
 'id' int(11) NOT NULL AUTO_INCREMENT,
 'roleId' int(11) DEFAULT NULL,
 'functionId' int(11) DEFAULT NULL,
 PRIMARY KEY ('id')
) ENGINE=InnoDB AUTO_INCREMENT=5 DEFAULT CHARSET=utf8;
```

任务 2　引入 bootstrap

关键知识点：

➤　了解 bootstrap

bootstrap 是 Web 程序的 UI 框架集，提供了非常出色的页面效果，在很多情况下不需要页面设计人员也能制作出漂亮的界面。Charisma 是基于 bootstrap 的后台管理模板，是一个功能齐全、免费、优质、反应灵敏的 HTML5 管理模板。下面简单介绍一下它的使用方式，以便在程序中使用。

Charisma 下载后的目录结构如图 11.3 所示。

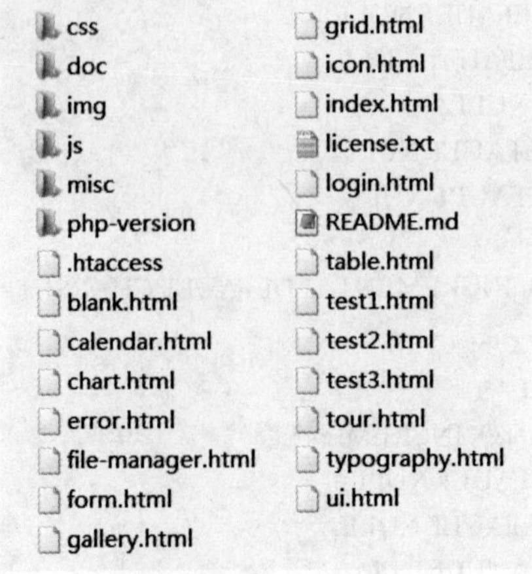

图 11.3　Charisma 目录结构

引入 Charisma 是把 css、img、js 这 3 个目录复制到项目目录中，使用方式可以根据 index.html 中的示例进行参考，如图 11.4 所示。

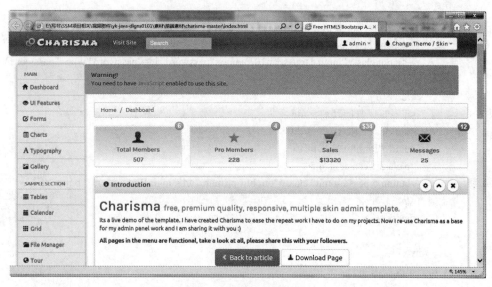

图 11.4　Charisma 示例

任务 3　实现管理权限

关键知识点：

➢ 编写登录、退出

➢ 编写动态菜单

11.3.1　登录、退出

后台功能需要用户登录后才能访问，使用拦截器统一处理客户端操作可以把权限和业务处理有效地分离。

编写示例 1，处理用户登录、退出和使用拦截器处理权限。

⟳ 示例 1

关键代码：

登录页面 Index.jsp 关键代码：

```
<div class="form-horizontal">
    <fieldset>
        <div class="input-prepend" title=" 登录账号 " data-rel="tooltip">
            <span class="add-on"><i class="icon-user"></i></span>
            <input autofocus class="input-large span10" name="loginCode" id="loginCode"
```

```
                type="text" value="" />
            </div>
            <div class="clearfix"></div>

            <div class="input-prepend" title=" 登录密码 " data-rel="tooltip">
              <span class="add-on"><i class="icon-lock"></i></span>
              <input class="input-large span10" name="password" id="password" type="password"
              value="" />
            </div>
            <div class="clearfix"></div>
            <div class="clearfix"></div>
            <ul id="formtip"></ul>
            <p class="center span5">
            <button type="submit" class="btn btn-primary" id="loginBtn"> 登录 </button>
            </p>
        </fieldset>


        </div>
```

这是 Charisma 提供的登录页面。

拦截器关键代码：

```
public boolean preHandle(HttpServletRequest request,HttpServletResponse response,Object handler)
throws Exception{
    HttpSession session = request.getSession();
    String urlPath = request.getRequestURI();

    User user = (User)session.getAttribute(Constants.SESSION_USER);
    //session 中不存在登录用户，转到登录页
    if(null == user){
      response.sendRedirect("/");
      return false;
    }else{
      // TODO：需要加入 url 权限判断
      // 判断用户访问 url 的权限
      if(true){
        return true;
      }else{
        // 转到权限验证失败页
        response.sendRedirect("/401.html");
        return false;
      }
    }
  }
```

拦截器对所有后台路径进行拦截，判断 session 中是否存在 user 对象，如果不存在则跳转到登录页面。也可以对不同用户进行权限判断，判断是否有访问路径的权限。

登录、退出控制器关键代码：

```
/**
 * 登录
 * @param session
 * @param user
 * @return
 */
@RequestMapping("/login.html")
@ResponseBody
public Object login(HttpSession session,@RequestParam String user){
  logger.debug("login====================");
  if(user == null || "".equals(user)){
    return "nodata";
  }else{
    JSONObject userObject = JSONObject.fromObject(user);
    User userObj= (User)userObject.toBean(userObject, User.class);

    try {
      if(userService.loginCodeIsExit(userObj) == 0){// 不存在这个登录账号
        return "nologincode";
      }else{
        User _user = userService.getLoginUser(userObj);
        if(null != _user){// 登录成功
          // 当前用户存到 session 中
          session.setAttribute(Constants.SESSION_USER, _user);

          return "success";
        }else{// 密码错误
          return "pwderror";
        }
      }
    } catch (Exception e) {
      logger.debug(e.getMessage());
      // TODO：handle exception
      return "failed";
    }


  }
}
/**
 * 注销
 * @param session
 * @return
 */
@RequestMapping("/logout.html")
public String logout(HttpSession session){
```

```
        session.removeAttribute(Constants.SESSION_USER);
        session.invalidate();
        this.setCurrentUser(null);
        return "index";
    }
```

登录成功需要把 user 对象存储到 session 中，退出则是把 session 中的 user 对象删除。
@ResponseBody 的作用是返回字符串数据，可以在页面中使用 jquery 进行判断。

访问 http://localhost:8080/article11/，结果如图 11.5 所示。

图 11.5　登录页

登录成功后返回给用户端"success"字符串。

11.3.2　动态菜单

用户登录后需要显示相应的操作菜单，下面编写示例 2 来了解动态菜单的编写方式。

● 示例 2

关键代码：

后台主页控制器关键代码：

```
/**
 * 后台主页
 * @param session
 * @return
 */
@RequestMapping("/main.html")
public ModelAndView main(HttpSession session){
    logger.debug("main====================== ");
```

```
// 动态菜单
User user = this.getCurrentUser();
List<Menu> mList = null;
if(null != user){
    Map<String, Object> model = new HashMap<String, Object>();
    model.put("user", user);

    mList = getFuncByCurrentUser(user.getRoleId());
    // 菜单 json
    if(null != mList){
        JSONArray jsonArray = JSONArray.fromObject(mList);
        String jsonString = jsonArray.toString();
        logger.debug("jsonString : " + jsonString);
        // 菜单字符串保存到 model 中
        model.put("mList", jsonString);
    }

    session.setAttribute(Constants.SESSION_BASE_MODEL, model);
    return new ModelAndView("main",model);
}
return new ModelAndView("redirect:/");
}

/**
 * 根据当前用户角色 id 获取功能列表（对应的菜单）
 * @param roleId
 * @return
 */
protected List<Menu> getFuncByCurrentUser(int roleId){
    List<Menu> menuList = new ArrayList<Menu>();
    Authority authority = new Authority();
    authority.setRoleId(roleId);

    try {
        List<Function> mList = functionService.getMainFunctionList(authority);
        if(mList != null){
            for(Function function:mList){
                Menu menu = new Menu();
                menu.setMainMenu(function);
                function.setRoleId(roleId);
                List<Function> subList = functionService.getSubFunctionList(function);
                if(null != subList){
                    menu.sctSubMenus(subList);
                }
                menuList.add(menu);
```

```
      }
    }
  } catch (Exception e) {
    // TODO: handle exception
  }
  return menuList;
}
```

后台主页控制器根据 session 中的用户读取用户拥有的权限菜单，保存到 model 中，属性名是 mList。

动态菜单关键代码：

```
<script type="text/javascript"> var tt = '${mList}';</script>
var result = "";
var json = eval('(' + tt + ')');

for(var i = 0;i<json.length;i++){

  //config main menu
  result = result + '<li class="nav-header hidden-tablet" onclick="$(\'#test'+i+'\').toggle(500);" style=
  "cursor:pointer;">'+json[i].mainMenu.functionName+'</li>';
  //config sub menus
  result = result + "<li><ul class=\"nav nav-tabs nav-stacked\" id=\"test"+i+"\">";

  for(var j=0;j<json[i].subMenus.length;j++){
    var pic;
    switch(j)
    {
    case 0:
      pic = "icon-home";break;
    case 1:
      pic = "icon-eye-open"; break;
    case 2:
      pic = "icon-edit";break;
    case 3:
      pic = "icon-list-alt";break;
    case 4:
      pic = "icon-font";break;
    case 5:
      pic = "icon-picture";break;
    default:
      pic = "icon-picture";break;
    }
    result = result + "<li><a class=\"ajax-link\" style=\"cursor:pointer;\" href=\""+json[i].
    subMenus[j].funcUrl +"\"><i class="+pic+"></i><span class=\"hidden-tablet\">"+json[i].
    subMenus[j].functionName + "</span></a></li>";
  }
```

```
    result = result +"</ul></li>";
  }
  $("#menus").append(result);
```

动态菜单由 js 进行拼接处理。

登录成功后结果如图 11.6 所示。

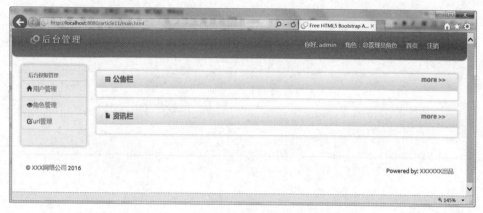

图 11.6　动态菜单

不同的用户角色如果配置不同的菜单权限，则可以显示不同的菜单。

本章总结

本章学习了以下知识点：

➢　SSM 整合。

➢　编写登录、退出、动态菜单。

本章作业

独立完成"SSM 框架整合"综合案例。

随手笔记

第12章

项目实战：SL 会员商城

本章任务

学习本章需要完成以下 3 个工作任务：

任务 1：掌握项目需求分析的过程

任务 2：掌握概要设计和详细设计的过程

任务 3：综合应用 SSM 框架，完成实战项目——SL 会员商城项目开发

请记录下学习过程中遇到的问题，可以通过自己的努力或访问 www.kgc.cn 解决。

任务 1 　掌握项目需求分析的过程

12.1.1　软件需要工程化

在前面的学习和实践中，大家都是根据提供的需求文档或提示来编写代码，遇到问题如果解决不了，可能会上网或找朋友解决。这确实是现阶段能比较快速地解决问题的方法，可是大家有没有想过，如果你进入了工作岗位，你是否还会用这种解决方法呢？下面先来分析一下自己的现状，看看目前是否存在下面讲到的这些问题。

1. 我会有这样的问题吗

以我们之前"单兵作战"的"经验"，如果在工作中分组协作开发项目，看看可能会发生的问题。

（1）编码风格不统一。

（2）系统界面不统一，用户操作不方便。

（3）根据自己的理解随意更改数据库。

（4）自己编写代码存在 Bug，导致系统整体运行失败。

（5）由于使用的框架版本不统一，导致系统无法运行。

（6）不清楚别人都有哪些功能，导致系统公用的功能重复开发。

（7）你犯下的错误，别人已经犯过，而且已有很好的解决方案，而你还在苦苦思索该怎么办。

（8）……

上面只列举了一部分问题，也许你现在还没有意识到这些问题，但是它们是确实存在的。这些只是现象，我们要分析它的本质。本质是什么？就是在我们的脑海中没有工程意识。所谓工程意识，就是所有参与开发的人员要统一步调，按部就班、相互协作完成一项工作。一定要先设计好、分好工后再开发。在开发过程中，在你身上发生的教训和总结的经验都不要只放在你个人的脑子里，要将其和项目组分享、分析并总结下来，最终落实到文档中，供其他组员使用。

2. 软件的工程化

在软件领域中工程意识是什么呢？1983 年，国际权威机构 IEEE 给软件工程下的定义是：软件工程是开发、运行、维护和修复软件的系统方法。其中的"软件"被定义为：计算机程序、方法、规则、相关的文档资料，以及计算机程序运行时所需要的数据。

从中不难发现，一个好的软件不仅仅是编写好的代码，还要有优良的设计、严格的开发规范及完善的文档。只有这样，才能解决刚才提到的那些"单兵作战"时发现的问题。既然是工程，那么我们就来了解一下工程中都包含哪些重要的步骤。

（1）可行性分析。

分析以公司现有的技术能力、时间调度和资金能不能完成这个项目，防止去接一个不可能完成的任务。

（2）项目计划。

如果这个项目可以做，那么就要按照现有的人员资源安排一个切实可行的计划。就好比大家在做毕业设计项目一样，都要预先计划好每个阶段的时间和任务以及要达到的目标。正所谓"凡事预则立，不预则废。"

（3）需求分析。

从用户的角度，分析用户想要什么、想看到什么、想怎样操作这个软件，对性能、安全和法律法规有哪些特殊的要求等，然后根据用户的这些要求分析软件的功能并给出准确和细致的描述，供后续开发使用。试想一下，如果大家在做前几个单元项目的时候，需求文档不明确，开发出来的程序肯定会有很多问题，最终达不到用户的要求。

（4）概要设计。

需求明确之后，就要对软件进行总体设计。就像盖楼房一样，要先设计地理位置、楼层高度、每层的房间数及户型和朝向、电梯的位置及数量、小区的绿化、停车场的位置及停车位等。对于软件，是指需要设计多少模块，什么数据库，是 B/S 还是 C/S 架构，软件中需要提供什么接口，需要和哪些设备进行交互，需要使用哪些技术架构等。

（5）详细设计。

在概要设计的基础上才能开始详细设计。好比盖楼房，像具体设计某个房间一样，它需要什么原料、多大面积、几扇窗户，卫生间如何做防水、如何通风、如何设计下水管道等。在软件方面，就是要设计每个模块的实现方式，有哪些类，有哪些功能，有没有特殊的算法，对外接口的名称和数据返回类型，软件公共类是什么，每个模块或几个模块的共有功能是什么，编码的规范等。

（6）编码和测试。

编码和测试是你进入公司后最先也是最常做的两件事，一定要按照详细设计说明书来编写代码并测试。理论上，这是两个步骤，但是在实际工作时这两个步骤会穿插交替进行。也就是说，要边写边测，不要等到都完成了再测试，也许你在第二步就错了，结果你已经向前走了十步，不仅浪费你的时间和精力，而且心理还容易受到打击。

在这个阶段，一定要严格按照规范来编写程序，每个公司的编码规范并不完全一样，但都是自成体系的，这也是考验你是否能尽快适应公司编码方式的机会、体现你价值的阶段。另外，为了保证写的代码尽量少出现错误，一定要测试测试再测试，在互相协作的软件开发工作中，也许你的一个小错误会导致系统出现大问题。如果你想尽快融入这个团队，那就尽快提升编码和测试的能力吧。

（7）部署。

在软件开发和测试完毕后，需要将系统安装到客户的机器上。例如，给某超市开发一套收银系统，就要将软件安装到收银台的每台机器上并确保其能正常使用。

（8）维护。

这个很好理解，房子和车都需要定期维修。虽然软件并不像它们一样是消耗品，但是也会经常出问题，所以我们要监控系统的运行情况，收集错误信息，分析并升级系统，最终让客户买得放心、用得省心，这样你参与开发的软件才会销量大增，你才有可能实现你人生的价值。

其实上面的这几个步骤就是软件生命周期。希望通过上面的内容，你能对这几个过程有个初步的认识。

3. 软件过程模型

对于上面提到的几个步骤，如果每一个步骤都能在进入下一步之前全都明确，那么按照这个步骤就可以开发出合格的软件。但是，事情并不像我们想象的那样顺利。例如，在详细设计阶段，客户又提出了新的需求。你想想该怎么办？不接受新的需求是不可能的，因为钱还是要赚的，所以我们只能修改设计。而且这种情况在软件开发领域经常出现，所以后来就出现了软件过程模型（大家回忆一下第 1 章的企业开发概述内容）。其实模型不仅仅是解决软件开发过程的问题，还有成本控制及各种解决方案等问题。下面就来学习几个常用的模型，以了解成熟的模型有哪些、能解决什么问题。

（1）瀑布模型。

瀑布模型中的"瀑布"是对这个模型的形象表达，由于其工作流程就像瀑布一样从上流向下，不可逆流，所以才得此名称。

瀑布模型是按照上面讲解的步骤逐一进行，不能逆转，不能跨越。每个阶段都有明确的任务，都需要产生确定的文档，并对每个阶段进行严格的评审。

瀑布模型主要适合于需求明确且无大的需求变更的软件开发，如编译系统、操作系统等。但是，对于那些分析初期需求模糊的项目，如需要用户共同参与需求定义的项目，瀑布模型就不太适合了。

（2）原型模型。

为了避免在系统开发完成之后才发现开发的软件不是用户想要的现象，就出现了原型模型。原型模型就是通过给客户先看软件的初稿，让用户判断是否是他们想要的，操作是否方便，界面的布局是否合适等，以此来修正软件开发的方向。

原型不是非要开发一个成果出来，目的是让用户尽快看到我们设计的软件，并对软件进行改进。有时某阶段的原型还需要废弃，所以原型模型可以解决瀑布模型的问题，但同时会造成一定的资源浪费。

对于原型，是需要花时间和精力创建的。但是对于很有把握的设计，并不需要建立模型；对于没有把握的设计，则需要建立模型并让用户确认。

（3）螺旋模型。

螺旋模型是原型模型和瀑布模型的结合体，比较适合大型应用系统的开发。因为它把系统分割为多个子系统开发，让每个模块独立开来。将每个子系统的设计、编码、测试的步骤以螺旋形状反复进行。当每个子系统都完成了原型后，组织客户和设计人员进行评审、分析和验证，尽快发现问题，具有边解决问题边推动工程的特点。但是，与原型模型不同，这个原型不一定都要给客户看，有时是供内部开发人员使用。另外，螺旋模型是开发每个子系统，尽早地使系统的一部分能够真正使用，这点与原型开发差别很大。

4．软件过程改进

上面讲解了几个常见的软件过程模型，但事实上并不存在"理想"的软件过程模型。大多数软件公司的软件开发过程都存在很大的改进空间，他们都试图通过改进软件过程的方式来提高产品质量，降低软件开发成本。过程改进有以下两种截然不同的方法：

（1）过程成熟度方法。

这种方法主要关注过程和项目管理的改进，并将好的软件工程实践引入到组织中。过程成熟水平反映了组织在软件开发过程中采用的优秀技术和管理实践的程度。此方法的主要目标是改善产品质量和过程的可预测性，有代表性的有 ISO 9000、CMM、CMMI 等。

（2）敏捷方法。

这种方法的重心是迭代开发以及减少软件开发过程的费用。它的主要特点是功能的快速交付和对客户需求变更的快速响应，有代表性的有 XP、Scrum 等。

以上两种方法没有优劣之分，对于小型和中型项目，采用敏捷方法可能是最节省成本的过程改进策略，但对于大型系统、要求极高的系统、多个公司共同参与开发的系统，管理问题通常是项目陷入困境的主要原因，所以在这种情况下，过程改进应该考虑基于成熟度的方法。

过程改进思想源于制造业，但软件很多时候是一种智力活动的产出，软件质量不仅受制造过程的影响，而且受到设计过程的影响，个人的技能和经验非常重要。有时候，所用的过程对于产品质量而言是最重要的决定因素，但也并不都是如此，对于需要创新的应用来说，人所起的作用比过程重要得多。

对于软件产品而言，有四个因素会影响产品的质量，如图 12.1 所示。

每个因素的影响程度与项目的类型和规模相关。对于大型系统来说，一般由多个团队来开发，项目开发持续时间长，产品质量的决定性因素来自于软件过程，因为大型项目的主要问题是集成、项目管理和沟通。在这样的团队中，人员能力和经验参差不齐，项目工期很长，在项目的生命周期中团队成员发生变动是不可避免的。然而，对于只有几个团队成员的小项目来说，开发团队的人员素质就会比所用的软件过程更重要了。所以，敏捷方法宣扬人的重要性大于实用的开发过程的重要性。如果团队人员水平高，产品质量就会高，和使用的过程无关；同样地，如果团队人员水平很低，好的过程可能降低破坏性，但过程本身无法带来高品质的软件。

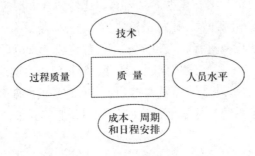

图 12.1　影响产品质量的四个因素

对于小团队，采用好的开发技术显得特别重要，团队不能将精力耗费在琐碎的管理事务中，绝大多数时间应该放在系统的设计和编程上。对于大型项目来说，团队成员花费相对少的时间用于开发活动，更多的时间用在了沟通和了解系统的其他部分上，技术的重要性相对就显得不那么重要了。

一个项目想要成功，配备适当的资源也是必要的条件。如果资源配置不足或者不恰当，过程就不能有效执行，可能只有极优秀的人才能保证项目顺利完成，但如果项目预算严重不足，再优秀的人也无法保证产品质量不受影响。没有足够的开发时间，交付的软件必然以减少功能和牺牲质量为代价。

5. 软件开发角色分工

在企业中，通常采用项目管理或产品管理的模式，成立专门的开发团队，进行具体的研发工作。团队通常由多种角色的成员构成，角色对应的职责如下：

（1）项目经理：技术方面的主要责任人，对项目的进度和质量负有主要责任。他主要负责项目的日常管理，如计划制定、任务跟踪、沟通协调、团队建设等。

（2）产品经理：产品方面的主要责任人，主要负责市场调研、产品策划、撰写产品的需求、跟踪产品的实现、协助市场人员进行产品的营销、获取用户反馈、产品的改进等。

（3）架构师：主要负责系统的总体设计、详细设计，撰写设计文档。

（4）设计师：主要负责交互、视觉、用户体验等方面的设计。

（5）软件工程师：完成分派的开发任务，进行代码的开发和单元测试以及相关文档的撰写。

（6）测试工程师：编写测试用例，制定并执行测试计划，进行集成测试和系统测试。

（7）质量保证员：跟踪项目的执行过程和工作成果是否符合企业的规范和要求。

（8）配置管理员：利用配置管理软件进行配置项（如源代码、设计文档、需求文档等）的管理（如访问权限的控制、数据备份）。

上面只是列举了一个开发团队通常具有的角色，每个公司的业务不一样，要根据公司的实际情况来安排，一个人也可以承担多种角色，如很多小型项目，配置管理员和系统分析员的职责可能就由项目经理担任，角色的职责也不是界限分明的，如果项目组的成员水平比较平均，那么每个人都可以承担部分设计师和软件工程师的职责。

12.1.2　需求分析

在开发一个系统之前，必须要清楚系统的使用者想要什么，所以要根据使用者的需求来描述系统的特征，包括软件的功能、性能、数据、界面等。为了更好地帮助需求编写人员编写文档，可以通过软件开发标准文档——需求规格说明书来整理需求。这个文档非常全面，我们也会在平台中提供这个文档的模板。在这里，我们不讲解需求规格说明书怎么写，而是要告诉大家在需求分析阶段需要注意哪些事项。需求分析是软件开发周期中一个非常重要的阶段，是以后从事软件分析和架构设计的基础。

1. 需求分析的必要性

你可能觉得，不就是了解客户需求吗？我沟通能力很强，我肯定能做好这件事。只是沟通能力强就能做好需求分析吗？不是这样的，软件需求的调研、需求的表达和需求的变更管理等是一项专门的技术，需要专门的方法和技巧。作为软件工程师，决不是写好代码就可以，能够迅速地、深刻地理解客户需求也是一项必备的技能。在需求调研的过程中，可能遇到以下几种典型的情况：

（1）客户知道自己要什么，但表达不清。

如果客户有自己的 IT 团队，那么情况会稍好一些，大家讲相同的"语言"沟通会相对顺畅。但更多时候，我们需要和不懂软件技术的客户交流。客户知道哪些数据和信息需要通过软件系统管理业务的详细规则，但他们只能用自己行业的语言来表达。这时候首先需要我们对其行业和业务都要有一定的理解，然后才可以设计信息化系统，并交给客户确认。

任何一个具有一定规模的信息化系统都会涉及很多人、很多岗位和角色。在调研的时候，我们需要访谈这些人。每个岗位都有自身的立场、眼界和利益，对系统需求的描述也会出现意见不统一的情况，这也是需要权衡处理的。

（2）客户不知道自己要什么。

有的时候，客户期望通过信息化系统提高企业的效率，但具体怎么做就了解不多了。这时候需要我们去主动地发掘其需求，这对我们的行业经验也是一个考验。

（3）客户期望靠软件系统的实施提高企业的管理水平。

一般来讲，软件系统是辅助企业管理的。随着中国经济的发展，市场对企业的管理水平提出了更高的要求，很多企业将实施信息化系统当作一个契机，希望能借此提高企业的管理水平。这时候，往往涉及"企业流程改造"的工作。如果我们的行业经验积累比较雄厚，则可以给客户一定的建议；否则，我们可以建议客户先做一个企业管理咨询的项目，完成企业的制度、流程改造，然后再进行软件系统的需求调研。

需求调研的方式包括问卷、访谈、需求会议等。

在充分调研的基础上，可以开始定义需求。我们往往需要在软件项目实施合同中明确定义要给客户做一个什么样的系统，客户要支付多少费用给我们。如果这时候对系统需求定义得不明确，往往会引起纠纷或带来损失。如何明确，甚至精准地定义需求也需要专门的方法。

在软件开发过程中，客户自身的组织结构、业务流程、软硬件环境等都可能发生变化。当我们的软件系统开发到一半的时候忽然需求变了，这对我们来说可能是致命的。需求变更是软件项目中最大且后果最严重的风险。

综上所述，需求管理的工作至关重要、必不可少。

正如一位反恐专家所言，一次成功的反恐战斗，50% 依靠情报，40% 依靠计划和训练，实际行动只占 10%。很多时候，在第一颗子弹出膛前，我们已经知道了结果。在软件项目中，我们通常在需求分析阶段花费 6% 的费用和 18% 的工作量（开发阶段分别是 12% 和 20%）。

在软件生命周期中，完成计划后，第一个实质性的阶段就是需求分析阶段。在需求分析阶段结束的时候，我们需要得到一个准确的、经过客户确认的需求规格说明书。经过客户确认后的需求规格说明书是下阶段设计和开发的重要依据，是项目组成员理解需求的最主要的工具。

2. 综合描述

（1）软件的概述。

这里需要描述软件的背景，是否属于以下情况：

➢ 是否是之前某个软件系列的下一个成员。

➢ 是否是目前正在使用的软件的升级版本。

➢ 是否是某个大型系统的新增部分。

➢ 与其他系统是否存在某种联系。

（2）产品的功能。

这里不是详细描述软件的功能，而是从业务层面描述软件的主要功能，也可以采用图形的方式表现。

（3）用户及特性。

需要确定使用该软件的用户类别并且描述他们的特征。往往有些功能只和某些用户相关，如权限管理只和超级管理员有关，普通用户没有权限管理的权限。

（4）运行环境。

需要清楚软件运行的环境，一般包括以下方面：

> 硬件平台。
> 操作系统及其版本。
> 支撑系统，如数据库的类型和版本。
> 与该软件共存的应用程序。

（5）设计和实现上的限制。

主要是用于限制和规范软件开发人员，例如：

> 必须使用的特定技术、工具、编程语言和数据库。
> 不能使用的特定技术和工具。
> 必须遵循的开发规范和标准。

3. 外部接口需求

（1）用户界面。

描述用户界面上的软件都包含哪些组件，描述每一个用户界面的逻辑特征，而不是用户界面，内容包括：

> 将要采用的界面标准。
> 有关屏幕的布局或者限制。
> 界面上组件的使用，如按钮、选择框、导航、菜单、消息框、快捷键，以及这些组件的对齐方式、错误信息显示标准等。

（2）硬件接口。

描述软件与系统硬件接口的特征，内容包括：

> 支持的硬件类型。
> 软硬件之间通信的数据。
> 使用的通信协议。

（3）软件接口。

描述软件与其他软件的联系，内容包括：

> 操作系统。
> 数据库。
> 工具。
> 第三方组件。

（4）通信接口。

描述软件所使用的通信功能相关的需求，内容包括：

> 电子邮件。
> 浏览器。
> 网络通信标准。

4. 系统功能性需求

功能性需求用来描述系统所应提供的功能和服务，包括系统应该提供的服务、对输入如何响应及特定条件下系统的行为。对于功能性的系统需求，需要详细地描述系统功能、输入和输出、异常等。功能性需求取决于软件的类型、软件的用户及系统的类型等。

系统的功能性需求应该具有全面性和一致性。全面性即应该对用户所需要的所有服务进行描述，而一致性是指需求的描述不能前后自相矛盾。在复杂的大型系统中，做到这两点都会有一定的困难，但只有做到了这两点才能保障项目的顺利进行。

系统的功能分析会采用一些专用的图像和文档来描述。

5. 非功能性需求

非功能性需求是指不直接与系统的具体功能相关的一类需求，它们与系统的总体特征相关，如可靠性、可扩展性、安全性、响应时间等，甚至包括界面易用程度和文档、代码规范性的要求。非功能性需求定义了对系统提供的服务或功能的约束，包括时间约束、空间约束、开发过程约束及应遵循的标准等。它源于用户的限制，包括预算的约束、机构政策、与其他软硬件系统间的互操作，以及如安全规章、隐私权保护的立法等外部因素。

与关心系统个别特性的功能性需求相比，非功能性需求关心的是系统的整体特性，因此对于系统来说，非功能性需求更加关键。一个功能性需求得不到满足会降低系统的能力，但一个非功能性需求得不到满足则有可能使系统无法运行。

非功能性需求不仅与软件系统本身有关，还与系统的开发过程有关。与开发过程相关的需求包括在软件过程中必须使用的质量标准的需求、设计中必须使用的建模工具的需求以及软件过程所必须遵守的原则等。

按照非功能性需求的起源，可将其分为三大类：产品需求、机构需求、外部需求，进而还可以细分。产品需求对产品的行为进行描述；机构需求描述用户与开发人员所在机构的政策和规定；外部需求范围比较广，包括系统的所有外部因素和开发过程。非功能性需求的分类如表 12-1 所示。

在需求规格说明书中，不管是对功能性需求的描述，还是对非功能性需求的描述，最重要的就是要"明确"。

我们来看下面的两条需求描述。

（1）实现用户的增、删、改、查功能。

（2）本系统需要较高的反应速度和一定的可扩展性。

开发工程师可以根据第（1）条需求的描述完成数据库的设计和程序编码工作吗？验收系统的时候，如果客户对系统的反应速度不满意而拒绝支付合同余款，这份需求规格说明书可以帮助我们解决纠纷吗？

我们再来看看下面这两条需求描述。

（1）用户信息包括用户编码（系统自动生成的流水号）、用户名、用户部门、用户密码和用户状态。系统需要提供用户添加的功能，用户名、用户部门和用户密码为必输项；密码不能少于 6 位；新建后，用户状态为"正常"。系统提供用户信息修改的功能，除用户名和用户状态外的信息都可以修改。系统需要提供删除用户功能，删除用户时，仅把用户状态改为"已删除"，并不物理删除数据。系统需要提供用户查询功能，可以根据用户名和用户部门查询，用户名支持模糊查询，用户部门查询条件可以从下拉列表框中选择输入。

表 12-1　非功能性需求的类别

非功能性需求	产品需求	可用性需求		例如系统操作界面友好、操作人性化
		效率需求	性能需求	例如系统对"提交"动作响应时间应少于 2 秒
			空间需求	例如系统初始安装后，磁盘空间占用不得超过 1GB
		可靠性需求		例如通过系统界面提交的数据再次查看时能准确无误地显示
		可移植性需求		例如系统具有跨平台特性，在 Windows 操作系统或 Linux 操作系统上均可部署
	机构需求	交付需求		例如系统必须在 2012 年 9 月 1 日前交付实施
		实现需求		例如系统交付时，功能和界面均要符合《需求规格说明书》的要求
		标准需求		例如系统（电信计费系统）中数据格式要符合行业标准定义
	外部需求	互操作需求		例如计费系统和账单管理系统中的数据可以交互
		道德需求		例如系统中不能出现政治敏感词语
		立法需求	隐私需求	例如系统测试数据要对外保密
			安全性需求	例如不能通过修改 Web 浏览器上方的 URL 地址来访问数据库

（2）系统性能的需求是在网络正常情况下，主要页面响应时间不超过 5 秒，大批量业务或复杂计算业务响应时间不超过 30 秒。随着系统业务数据规模的增长，系统要满足两年内业务量发展的需要，并满足上述性能要求。

系统扩展性的需求是采用三层架构，采用 MVC 设计模式，代码规范易读。数据库设计在不严重影响性能的基础上符合第三范式、命名规范，并有注释。交付系统的同时交付系统的概要设计文档和详细设计文档（含数据库设计文档）。

以上两种形式，你觉得哪种更容易编写代码？显然是第二种方式。另外，用文字固然能够描述功能，但是不够直观。所以，在需求分析阶段，还需要设计用例及用例图来直观地描述用户类别、系统权限和功能。

6. 需求变更管理

做过软件项目的人都会有过类似这样的经历：用户不断地修改需求，项目就像一个无底洞，感觉总也做不完。1997 年 12 月，Computer Industry Daily 报道了 Sequent Computer Systems 公司的一项研究。该公司对美国和英国的 500 名 IT 经理进行调查后发现，76% 的受访者在他们的事业中经历过完全的项目失败，其中提到最多的导致项目失败的原因就是变更用户需求。

因此，必须接受软件项目中的需求会变更这个事实。在进行需求分析时要懂得防患于未然，尽可能地分析清楚哪些是稳定的需求，哪些是易变的需求，以便在进行系统统计时将软件的核心建筑在稳定的需求上，同时留出变更空间。另一方面，在软件开发过程中要对需求的变更进行管理，避免由于需求的频繁变更最后导致项目的失败。当遇到需求变更时，我们需要对变更带来的影响及可能造成的花费进行评估，并根据评估结果来与相关的人员进行协商，以确定哪些需求可以变更，无论处于开发的哪个阶段，我们都应该跟踪每项需求的状态。这些都是需求变更管理的主要内容。

任务 2　掌握概要设计和详细设计的过程

12.2.1　概要设计

1. 软件概要设计目标

概要设计也称总体设计，其基本目标是能够针对软件需求分析中提出的一系列软件问题概要地回答问题如何解决。例如，软件系统将采用什么样的体系架构，需要创建哪些功能模块，模块之间的关系如何，数据结构如何，软件系统需要什么样的网络环境提供支持，需要采用什么类型的后台数据库等。

软件概要设计是软件开发过程中一个非常重要的阶段。可以肯定，如果软件系统没有经过认真细致的概要设计就直接考虑它的算法或直接编写源程序，这个系统的质量就很难保证。许多软件就是因为结构上的问题，使得它经常发生故障，而且很难维护。

概要设计要求建立在需求分析基础之上，软件需求文档是软件概要设计的前提条件。只有这样，才能使得开发出来的软件系统最大限度地满足用户的应用需要。

2. 软件概要设计过程

概要设计基本过程如图 12.2 所示，主要包括以下 3 个方面的设计：

➢ 设计系统架构：用于定义组成系统的子系统，以及对子系统的控制、子系统之间的通信和数据环境等。

➢ 设计软件结构：用于定义构造子系统的功能模块、模块接口、模块之间的调用与返回关系等。

➢ 设计数据结构：用于定义数据结构、数据库结构等。

概要设计的过程也就是将需求分析之中产生的功能模型、数据模型和行为模型等分析结论进行转换，由此产生设计结论的过程。在从分析向设计的转换过程中，概要设计能够产生出有关软件的系统架构、软件结构和数据结构等设计模型。这些结论将被写进概要设计文档中，作为后期详细设计的基本依据，能够为后面的详细设计、程序编码提供技术定位。

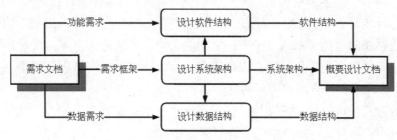

图 12.2　概要设计基本过程

需要注意的是，概要设计所能够获得的还只是有关软件系统的抽象表达，需要专心考虑的是软件系统的基本结构，至于软件系统的内部实现细节如何则被放到详细设计中解决。例如模块，概要设计中的模块只是一个外壳，虽然它有确定的功能边界并提供了通信的接口定义，但模块内部还基本上是空的，具体的功能实现细节则必须等到详细设计完成以后才能确定。因此，在有关软件设计的全部工作中，概要设计所提供的并不是最终设计蓝图，而只是一份具有设计价值的具体实施方案与策略，用于把握系统的整体布局。尽管概要设计并不涉及系统内部实现细节，但它所产生的实施方案与策略将会最终影响软件实现的成功与否，并影响到今后软件系统维护的难易程度。

3. 系统架构设计

系统架构设计就是根据系统的需求框架确定系统的基本结构，以获得有关系统创建的总体方案。其主要设计内容包括以下 4 个方面：

➤ 根据系统业务需求将系统分解成诸多具有独立任务的子系统。

➤ 分析子系统之间的通信，确定子系统的外部接口。

➤ 分析系统的应用特点、技术特点以及项目资金情况，确定系统的硬件环境、软件环境、网络环境和数据环境等。

➤ 根据系统的整体逻辑构造与应用需要对系统进行整体物理部署与优化。

当系统架构设计完成之后，软件项目即可以每个具有独立工作特征的子系统为单位进行任务分解，由此可以将一个大的软件项目分解成许多小的软件子项目。

基于系统架构设计的主要内容，系统构架设计可以按照以下步骤进行：

（1）定义子系统。根据需求分析中有关系统的业务划分情况将系统分解成诸多具有独立任务的子系统。

（2）定义子系统外部接口。分析子系统之间的通信与协作，以获得对子系统外部接口的定义。

（3）定义系统物理架构。根据系统的整体逻辑结构、技术特点、应用特点以及系统开发的资金投入情况等选择合适的系统物理架构，包括硬件设备、软件环境、网络结构和数据库结构，并将子系统按照所选的物理架构进行合理部署与优化。

大型的综合应用系统大多是由许多子系统组成的。这些子系统一般能够独立运行，有自己专门的服务任务，并可能需要部署在不同的计算机上工作。组成系统的子系统具有一定的独立性，但子系统之间又有着联系。例如，有共同的数据源，相互之间需要通信，并可能需要协同工作。系统架构设计的任务就是根据需求规格中的需求基本框架把组成系统的这些子系统、子系统之间的关系、它们之间需要的数据通信等确定下来，并一同确定它们工作时所需要的设备环境、网络环境和数据环境等，由此对系统做出一个合理的、符合应用需要的整体部署。

下面给出几种典型的系统架构。任何一种结构都会有优点与缺点，在使用时要根据软件系统的实际情况，结合系统架构的特点合理使用。

（1）集中式结构。

集中式结构是传统的系统架构，系统由一台主机和多个终端设备组成，如图 12.3 所示。

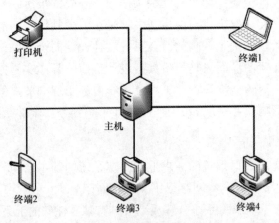

图 12.3　集中式结构

集中式结构的特点是系统中的全部软件资源都被集中安装在一台主机上，包括操作系统、数据库系统、应用系统和资源文件等。系统的智能处理器也被集中在主机上。用户则是通过和主机连接的基本无智能的终端设备与系统进行通信。

集中式结构的优点是高稳定性和高安全性，但集中式结构有较苛刻的设备要求，系统建设费用、运行费用都比较高，而且系统灵活性不够好，系统结构不便于扩充。

（2）客户端 / 服务器结构。

客户端 / 服务器（Client/Server，C/S）结构是一种分布与集中相结合的结构，系统依靠网络被分布在许多台不同的计算机上，但通过其中的服务器计算机提供集中式服务，如图 12.4 所示。

与集中式结构中的无智能终端不同，客户端 / 服务器结构中的客户端是智能的，需要安装客户程序，并且需要通过客户程序访问服务器。

在客户端 / 服务器结构中，客户端是主动地向服务器提出服务请求，而服务器是被动地接受来自客户端的请求。一般来说，客户端在向服务器提出服务请求之前，需要事先知道服务器的地址与服务；但服务器却不需要事先知道客户端的地址，而是根据客户端主动提供的地址向客户端提供相应的服务。

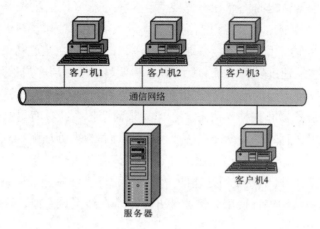

图 12.4　客户端 / 服务器结构

客户端 / 服务器结构的优越性是结构灵活，便于系统逐步扩充。

（3）多层客户端 / 服务器结构。

客户端 / 服务器结构已被广泛应用在基于数据库的信息服务领域，但是在客户端如果进行大量数据的处理和存储必然影响性能和数据安全，所以演变出了多层客户端 / 服务器结构。这就是让"胖客户端"减肥，使它尽量简单，变成"瘦客户端"。更具体地说就是，将"胖客户端"中比较复杂并且容易发生变化的应用逻辑部分提取出来，将它放到一个专门的"应用服务器"上，由此产生的结构如图 12.5 所示。

图 12.5　多层客户端 / 服务器结构

（4）浏览器 / 服务器结构。

浏览器 / 服务器（Browser/Server，B/S）结构是基于 Web 技术与客户端 / 服务器结构的结合而提出来的一种多层结构，如图 12.6 所示，目前这种结构已被广泛应用于网络商务系统之中。

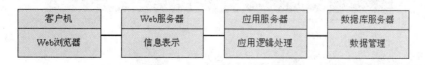

图 12.6　浏览器 / 服务器结构

浏览器 / 服务器结构将信息表示集中到专门的 Web 服务器上，与多层客户端 / 服务器结构比较，浏览器 / 服务器结构多了一层服务器。浏览器 / 服务器结构使客户端程序更加简化，这时的客户端上已经不需要专门的应用程序，只要有一个通用的 Web 浏览器即可实现客户端数据的应用。

浏览器 / 服务器结构的优点是不需要对客户端进行专门的维护（客户机上没有专门的应用程序），特别适合于客户机位置不固定或需要依靠互联网进行数据交换的应用系统。其缺点是最终用户信息需要通过 Web 服务器获取并通过网络传送到客户机，因此系统的数据传输速度以及系统的稳定性都将明显低于多层客户端 / 服务器结构。

浏览器 / 服务器结构也是逻辑结构，因此一个单一的服务器计算机可以既是 Web 服务器又是应用服务器和数据库服务器。但如果需要使系统具有更高的性能或更加稳定的运行状态，那么有必要将 Web 服务、应用处理和数据管理从物理上分离开来，设置专门的 Web 服务器计算机、应用服务器计算机和数据库服务器计算机。

在复杂系统设计时，单独使用上述的一种结构可能无法完整描述系统的整体架构，可以考虑将这几种结构综合使用。例如要开发一个在线考试系统，根据需求，需要设计以下 4 个子系统：

> 数据管理系统：考生、考点、考试计划的存储和考试密码的生成与存储。

> 考务系统：安排考试，阅卷、成绩单的生成，考试结果统计。

> 组卷系统：试题库管理、大纲管理、试题与大纲的关联、组卷管理。

> 终端考试系统：进行监考管理，考生考试，试卷导入。

从大的方面，考生考试的终端要进行考试、考试结果加密，所以考试终端要有客户端软件，所以终端考试系统与考试中心要使用多层客户端 / 服务器结构。而在终端考试系统中，要进行监考、考试管理，所以每个考场需要有一台主机与每个考试终端形成集中式结构来管理考试终端。图 12.7 所示是在线考试系统的系统架构设计。

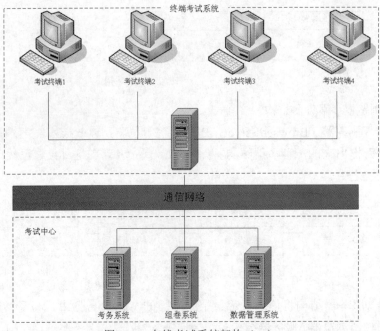

图 12.7   在线考试系统架构（一）

图12.7所示的在线考试系统的架构设计并没有体现出数据交互的方式和数据流向，也就不能体现出系统的业务和逻辑结构，所以在实际设计或编写概要设计书时可以采用图 12.8 所示的架构设计，其可读性更强。

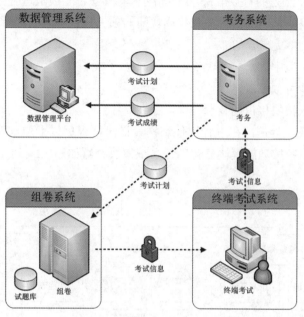

图 12.8　在线考试系统架构（二）

从图12.8可以清晰地看出，考务系统将考试计划提交给数据管理平台，获得批准后，组卷系统根据考务系统提供的考试计划组卷，组卷成功后试卷通过加密传递给终端考试系统，终端考试系统在完成考试后将考试信息加密后再传递给考务系统，而考务系统在阅卷完成后将考生成绩提交给数据管理系统。

4. 软件结构设计

软件结构设计是在系统架构确定以后对组成系统的各个子系统的结构设计。例如，将子系统进一步分解为诸多功能模块，并考虑如何通过这些模块来构造软件。

软件结构设计的主要内容包括：

➢ 确定构造子系统的各模块元素。

➢ 根据软件需求定义每个模块的功能。

➢ 定义模块接口与设计模块接口数据结构。

➢ 确定模块之间的调用与返回关系。

➢ 评估软件结构质量，进行结构优化。

模块概念产生于结构化程序设计思想，这时的模块被作为构造程序的基本单元。在结构化方法中，模块是一个功能单位，因此可大可小。它可以被理解为软件系统中的一个子程序系统，也可以是子程序系统内一个涉及多项任务的功能程序块，并且可以是功能程序块内的一个程序单元，也就是说，模块实际上体现出了系统所具有的功能层次结构。

模块可以使软件系统按照其功能组成进行分解，而通过对软件系统进行分解可以使一些大的复杂的软件问题分解成诸多小的简单的软件问题。从软件开发的角度来看，这必然有利于软件问题的有效解决。在对各子系统按功能模块进行分解时，要使用抽象的方法，注意模块之间的信息隐蔽和模块间的独立性，同时要考虑以下原则：

- ➤ 使模块功能完整。
- ➤ 模块大小适中。
- ➤ 模块功能可预测。
- ➤ 尽量降低模块接口的复杂程度。

以在线考试系统为例，在进行软件结构设计时，根据以上原则对考务系统、组卷系统和终端考试系统按功能模块分解，各系统模块分解如图 12.9 所示。

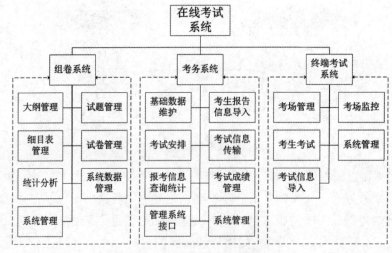

图 12.9　在线考试系统模块划分

5. 公共数据结构设计

概要设计中还需要确定那些将被许多模块共同使用的公共数据。例如公共变量、数据文件、数据库中的数据等，可以将这些数据作为系统的公共数据环境。

（1）公共数据设计。

对公共数据的设计包括：

- ➤ 公共数据变量的数据结构与作用范围。
- ➤ 输入 / 输出文件的结构。
- ➤ 数据库中的表结构、视图结构、数据完整性等。

以在线考试系统为例，考试大纲和试题的结构与格式必须在整个系统中都要统一，在概要设计中必须要定义和说明。下面给出在线考试系统定义的部分公共数据结构及其格式。

考试大纲数据格式：

- ➢ 大纲导入 / 导出文件格式：Excel。
- ➢ 一个 Sheet 只能有一个专业的大纲，多个专业可以分布在多个 Sheet 中。
- ➢ 大纲的内容必须分布在第一列。
- ➢ 专业和科目要写在最前面，规范书写，即 [专业 : 专业名称]。
- ➢ 章节信息以 1.2（代表第 1 章第 2 节）方式书写，章节顺序最后的句号可以不写，但数字和句号及冒号必须都是半角的。

试题内容支持的格式：

- ➢ 文字特效：上标、下标、斜体、下划线。
- ➢ 特殊字符：特殊字符、换行符。
- ➢ 图片：JPG 图片。

（2）数据库设计。

在公共数据设计时，数据库设计是其中重要的内容。数据库是与特定主题或目标相联系的信息的集合。数据库的作用是能够为软件系统提供后台数据存储与运算。许多应用系统需要依赖数据库提供数据服务，尤其是一些信息管理系统，更是以数据库为中心进行部署。

1）数据关系映射。

在进行数据库设计时可以运用数据关系模型，数据关系模型也称为 E-R 图，是应用最广泛的数据库分析建模工具。数据关系模型是基于对用户应用领域的分析而构造的，是一个有关现实数据环境的数据库概念模型。它以现实数据为建模依据，通过从现实数据中抽取数据实体、数据关系和数据属性这三类图形元素建立数据库的概念模型。

在 E-R 图中，用矩形框表示实体，用椭圆表示实体的属性，用菱形表示实体之间的关系。其中，数据实体是对应用领域中现实对象的数据抽象。数据关系是指不同数据实体之间存在的联系，包括一对一、一对多、多对多三种类型的关系。数据属性是指在数据实体与数据关系上所具有的一些特征值。数据关系的描述如表 12-2 所示。

表 12-2　数据关系

关系	描述
一对一的关系（1:1）	如人与身份证号的关系：一个人有一个身份证号，一个身份证号对应一个人
一对多的关系（1:n）	如公司与员工的关系：一家公司有多名员工
多对多的关系（n:m）	如学生与课程的关系：一个学生可以学习多门课程，一门课程也可以被多个学生学习

在软件开发过程中，为了系统安全，大部分软件都要有权限管理功能。下面以权限管理为例说明如何使用 E-R 图进行数据分析。

在系统权限管理中，涉及的实体有用户、角色、模块、功能，它们的属性分别如下：

> 用户：用户 ID、用户名、密码、电话。
> 角色：角色 ID、角色名、角色描述。
> 模块：模块 ID、模块名、模块说明。
> 功能：功能 ID、功能名称、功能图片路径、功能 URL。

各实体之间的关系：

> 用户和角色是多对多的隶属关系，一个用户可以有多个角色，一个角色也可以被多个用户所有。

> 模块和功能是一对多的包含关系，一个模块可以有多个功能，多个功能属于一个模块。

> 角色和模块、功能分别是多对多的访问关系，一个角色可以访问多个模块和功能，而一个模块和功能也可以被多个角色访问。

基于以上分析，权限管理的 E-R 图如图 12.10 所示。

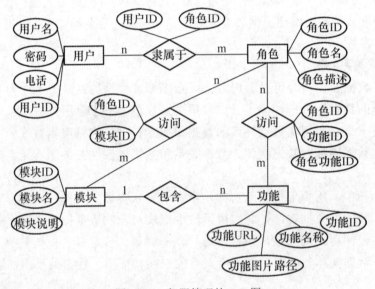

图 12.10　权限管理的 E-R 图

　　显然，这种接近于现实世界的概念模型与计算机世界之间的距离很大，不能直接向数据库实现过渡。为了方便数据库的创建，需要对数据库概念模型进行转换，建立更加接近计算机世界的数据库模型。

　　在概要设计中，需要建立的有关数据库的逻辑结构是一种与计算机世界更加接近的数据模型，它提供了有关数据库内部构造的更加接近于实际存储的逻辑描述，因此能够为在某种特定的数据库管理系统上进行数据库物理创建提供便利。

　　2）设计数据表。

　　在关系型数据库中，数据是以数据表为单位实现存储的。因此，数据库逻辑结构设计首先需要确定的就是数据库中的诸多数据表。

　　可以按照以下规则从数据关系模型中映射出数据库中的数据表：

- 数据关系模型中的每一个实体应该映射为数据库逻辑结构中的一个数据表。另外，实体的属性对应于数据表的字段，可唯一标示实体的属性为数据表的主键。例如，权限管理中需要创建用户表、角色表、模块表和功能表。

- 数据关系模型中的每一个 n:m 关系也应该映射为数据库逻辑结构中的一个数据表。另外，与该关系相连的各实体表的主键以及关系本身的属性应该映射为数据表的字段，而与该关系相连的各实体表的主键则需要组合起来作为关系数据表的主键。例如，权限管理中的角色和功能是多对多关系，应该创建一个角色功能表，该表的字段应该分别为角色表的主键和功能表的主键以及角色功能表自身的主键。那么用户和角色也是多对多的关系，是否也需要创建表呢？这需要考虑具体的系统角色划分是否细致，如果角色划分较粗，一个用户只对应一个角色，则用户与角色之间不需要创建中间表，而是在用户表中加入角色表的主键来标记用户对应的角色；如果角色划分细致，则需要创建用户角色表。

- 数据关系模型中的每一个 1:n 关系可以映射为一个独立的数据表（映射规则类似 n:m 关系）。但在更多情况下，1:n 关系则是与它的 n 端对应的实体组合起来映射为一个数据表。当 1:n 关系是与 n 端对应实体合并组成数据表时，组合数据表的字段中需要含有 1 端实体表的主键。例如，在权限管理中，模块与功能是一对多的关系，就不需要创建模块功能中间表，而是在 n 端（功能表）中加入模块 ID 用来标示该功能属于哪个模块。

- 数据关系模型中的每一个 1:1 关系可以映射为一个独立的数据表，也可以与跟它相连的任意一端或两端的实体合并组成数据表。实际上，两个依靠 1:1 关系联系的数据表可以设置相同的主键，为了减少数据库中数据表的个数，往往将它们合并为一个数据表。合并方法是，将其中一个数据表的全部字段加入到另一个数据表中，然后去掉其中意义相同的字段（包括意义相同但名称不同的字段）。

基于以上分析，权限管理的各表结构设计如表 12-3 至表 12-7 所示。

表 12-3　角色表

表中文名	角色表		表英文名		ROLE
字段名	字段说明	字段类型	大小		可选项
ROLEID	角色 ID	Int	17		主键，自增
NAME	角色名称	Varchar	20		可空
DESCRIPTION	角色说明	Varchar	50		可空
初始记录	insert into ROLE(PK_ROLEID,COL_NAME,COL_DESCRIPTION) values(1,' 超级用户 ',' 所有权限 ')				

表 12-4　用户表

表中文名	用户表		表英文名		USER
字段名	字段说明	字段类型	大小		可选项
USERID	用户 ID	Varchar	20		主键，非空
USERNAME	用户名	Varchar	20		非空
PASSWD	密码	Varchar	20		非空
ROLEID	角色 ID	Varchar	20		非空，默认值为 0
PHONE	电话	Varchar	15		可空
REMARK	备注	Varchar	255		可空
初始记录	insert into USER values(1,'super','123456',1, '88888888', 'SUPER@')				

表 12-5　模块表

表中文名	模块表		表英文名		MODULE
字段名	字段说明	字段类型	大小		可选项
MODULEID	模块 ID	Numeric	7，0		自增
MODULENAME	模块名称	Varchar	50		非空
DESCRIPTION	模块说明	Varchar	255		非空
初始记录	初始化时添加所有模块信息				

表 12-6　功能表

表中文名	功能表		表英文名		FUNCTION
字段名	字段说明	字段类型	大小		可选项
FUNCTIONID	功能 ID	Numeric	7，0		主键，自增
FUNCTIONPICTURE	功能图片路径	Varchar	100		非空
FUNCTIONNAME	功能名称	Varchar	50		非空
FUNCTIONFILE	功能 URL	Varchar	100		非空
MODULEID	模块 ID	Numeric	7，0		非空，默认值为 0
初始记录	初始化时添加所有功能信息				

表 12-7　角色功能表

表中文名	角色功能表		表英文名		ROLEFUNC
字段名	字段说明	字段类型	大小		可选项
ROLEFUNID	角色功能 ID	Numeric	7，0		主键，自增
FUNCTIONID	功能 ID	Numeric	7，0		非空，默认值为 0
ROLEID	角色 ID	Numeric	7，0		非空，默认值为 0
初始记录	初始化时添加超级用户所拥有的权限				

在进行数据库表设计时，需要考虑基于数据库三大范式进行设计，避免数据不完整和数据冗余情况发生。

在概要设计中，除了以上说明的系统架构设计、软件结构设计、公共数据结构设计外，还需要考虑安全性设计、故障处理设计等。

- ➢ 系统安全性设计：包括操作权限管理设计、操作日志管理设计、文件与数据加密设计、特定功能的操作校验设计等。概要设计需要对以上方面的问题做出专门的说明，并制定出相应的处理规则。例如操作权限，假如应用系统需要具有权限分级管理的功能，则概要设计就必须对权限分级管理中所涉及的分级层数、权限范围、授权步骤、用户账号存储方式等从技术角度做出专门的安排。
- ➢ 故障处理设计：包括对各种可能出现的来自于软件、硬件以及网络通信方面的故障做出专门考虑。例如提供备用设备、设置出错处理模块、设置数据备份模块等。

6. 系统环境约定

在概要设计中，要对系统的运行环境进行约定，约定内容主要包括以下几个方面：

- ➢ 硬件要求：对运行机器的 CPU、内存、硬盘、网卡等硬件或外设的要求，如一些系统需要具备身份证读卡器、摄像头、光盘刻录机、声卡、耳机等外设，都需要特别说明。
- ➢ 操作系统要求：对运行机器的操作系统、浏览器、防火墙等系统软件的要求。
- ➢ 服务器要求：对各个服务器性能、软硬件的要求。
- ➢ 数据库要求：对系统所使用的数据库软件及版本的要求。

7. 概要设计文档

概要设计阶段需要编写的文档包括概要设计说明书、数据库设计说明书、用户操作手册。此外，还应该制定出有关测试的初步计划等。其中概要设计说明书是概要设计阶段必须产生的基本文档，涉及系统目标、系统架构、软件结构、数据结构、运行控制、出错处理、安全机制等诸多方面的设计说明。

概要设计文档是面向软件开发者的文档，主要作为项目管理人员、系统分析人员和设计人员之间交流的媒体。概要设计文档的编写可以在课工场学习平台上下载模板。

概要设计评审内容主要包括：

- ➢ 需求确认：确认所设计的软件是否已覆盖了所有已确定的软件需求。
- ➢ 接口确认：确认该软件的内部接口与外部接口是否已经明确定义。
- ➢ 模块确认：确认所设计的模块是否满足高内聚、低耦合的要求。
- ➢ 风险性：该设计在现有技术条件下和预算范围内是否能按时实现。
- ➢ 实用性：该设计对于需求的解决是否实用。
- ➢ 可维护性：该设计是否考虑到今后的维护。

> 质量：该设计是否表现出良好的质量特征。

12.2.2 详细设计

经过概要设计阶段的工作，已经确定了软件的模块结构和接口描述，但每个模块如何实现仍不清晰，详细设计阶段的根本目标是确定怎样具体地实现所要求的系统，也就是说，经过这个阶段的设计工作应该得出对目标系统的精确描述，从而在编码阶段可以将这个描述直接翻译成用某种程序设计语言书写的程序。因此，详细设计的结果基本上决定了最终程序代码的质量。

详细设计以概要设计阶段的工作为基础，但又不同于概要设计，两者的区别如下：

> 在概要设计阶段，数据项和数据结构以比较抽象的方式描述，而详细设计就要确定具体使用什么数据结构来实现。

> 详细设计要提供关于算法的更多细节。例如，在概要设计中声明一个模块需要排序，在详细设计中就要确定使用哪种排序算法。在详细设计阶段为每个模块增加了足够的细节，使得程序员能够以相当直接的方式编码每个模块。

因此，详细设计是在概要设计的基础上描述各模块的具体实现和处理逻辑。详细设计主要使用的方法有结构化程序设计方法和面向对象程序设计方法。

1. 结构化程序设计方法

结构化程序设计是一种结构性的编程方法。结构性主要反映在两个方面：第一，编程工作是演化过程，即按抽象级别依次降低、逐步精化，最终得出所需程序，这有利于在每一抽象级上尽可能保证编程工作与所编程序的正确性；第二，按模块组装，所需程序只含顺序结构、选择结构、循环结构，每一个结构只允许一个入口和一个出口，可使程序结构良好，易读、易理解、易维护，并易于保证和验证程序的正确性。

在计算机硬件技术迅速发展的今天，普遍认为，除了系统的核心程序部分以及其他一些有特殊要求的程序外，一般情况下，宁可牺牲一些效率，也要保证程序有一个良好的结构。

在详细设计中常用的结构化设计工具是流程图。流程图的主要优点是对控制流程的描绘很直观，便于初学者掌握。流程图中使用的主要结构包括顺序结构、选择结构和循环结构，流程图中的箭头代表的是控制流而不是数据流。图 12.11 所示是某系统登录的流程图。

从图中可以看出，程序流程图本质上不是逐步求精的好工具，它可能诱使程序员过早地考虑程序的控制流程而不去考虑程序的全局结构，另外在程序流程图中用箭头代表控制流，因此程序员不受任何约束，可以随意

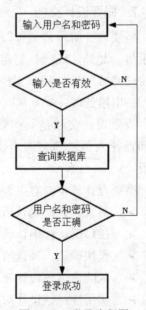

图 12.11　登录流程图

转移控制。在图 12.11 所示的详细微观流程图中，每个符号对应于源程序的一行代码，对于提高大型系统的可理解性作用甚微。

在结构化程序设计时还可以使用 N-S 图、PAD 图来描述业务逻辑与程序结构，但是结构化方法不能很好地描述功能实现，随着面向对象编程（OOP）的发展，面向对象分析（OOA）和面向对象设计（OOD）也越来越成熟，是分析、设计阶段常用的方法。

2. 面向对象程序设计方法

面向对象技术的出发点是尽可能地模拟现实世界，由此使开发软件的方法与过程尽可能地跟人对世界的认识保持一致。

（1）UML 建模方法。

统一建模语言（Unified Modeling Language，UML）是一种通用的、面向对象的可视建模语言。它运用统一的、标准化的标记和定义对软件系统进行面向对象的描述和建模。

1）UML 模型图的组成。

UML 能够从各个不同的角度对软件系统进行描述，所用到的图形模型如下：

- 用例图：涉及参与者、用例等图形元素，用于描述用户与系统之间的交互关系。
- 类图：涉及类、接口等元素以及这些元素之间存在的关联、泛化、依赖等关系，用于描述系统的静态结构。
- 活动图：使用活动图形元素表示系统的高层活动状态与转换，用于说明用例图中每个用例的内部工作流程。
- 状态图：涉及状态、事件等图形元素，用于对类元素所具有的各种状态以及状态之间的转换关系进行细节描述。
- 序列图：涉及对象、消息等图形元素，其中对象沿横向排列，消息沿竖向排列，用于反映对象通信时传递消息的时间顺序。
- 协作图：涉及对象、消息等图形元素，用于对系统在某个工作片段所包含的对象以及对象之间基于消息的通信进行设计说明。
- 构件图：使用构件以及构件之间的依赖关系说明系统的物理构造。
- 部署图：由客户机、服务器等物理节点组成，用于描述系统的分布式架构。

2）UML 建模过程。

基于 UML 的建模步骤如图 12.12 所示，包括分析与设计这两个建模阶段。其中分析阶段需要创建的模型有用例图、活动图、类图和序列图，设计阶段需要创建的模型有设计类图、协作图、状态图、构件图和部署图。

由于面向对象分析与设计采用了一体化的 UML 建模工具，这使得分析阶段产生的一系列结果不仅成为设计阶段的导入条件，并且诸多结果可以通过设计进行补充并逐步完善。基于 UML 的建模过程是一个以增量方式迭代的过程，需要进行多次反复，图 12.12 中分析类图与协作图之间，设计类图与协作图、状态图之间的双向箭头即表明了这种迭代关系。应该说，迭代作为一种思想已经融入于面向对象分析与设计之中，正是迭代过程与 UML 一体化建模的结合使得分析与设计之间能够获得有效的无痕过渡与进化，使得软件系统可以经过许多次分析与设计的交替而不断趋于完善。

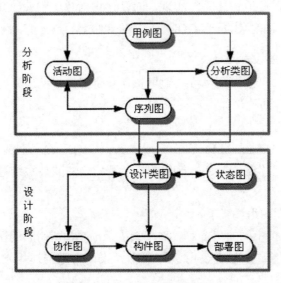

图 12.12　UML 基本建模过程

（2）面向对象设计建模。

面向对象设计建模需要把分析阶段的结果扩展成技术解决方案，需要建立的是软件系统的技术构造模型。因此，类图中的类由现实实体进化成为构造软件系统的类模块，有关类、对象、组件的建模都成为技术概念，并且需要为软件系统的实现提供设计依据。

面向对象设计过程中的主要建模内容有设计类图、协作图、状态图、组件图和部署图，包括基于设计类图、协作图和状态图的逻辑模型，也包括基于组件图和部署图的物理模型。

设计类图中需要考虑的类已经不只是实体类，还包括用于向外提供操作接口的边界类和用于实现内部协调的控制类。

设计类图中的类是构造系统的基本模块单位，因此需要进行更加完整的面向设计的描述。一些遗漏的属性需要补充进来，需要通过分析时建立的序列图逐步完成对类的操作的描述，并且需要针对属性、操作等进行符合设计要求的说明或注释。

1）表示属性：类中属性反映了对象的数据特征，其描述格式为：

[可见性] 属性名 [: 类型] [= 初始值]

在表示属性的以上成分中，中括号 "[ ]" 内的成分是可选内容。显然，表示属性时，只有属性名是必选的，其他都是可选的。其中，属性的类型可以是原始的数据类型，也可以是对另一个类的引用。

2）表示操作：类中操作反映了对象的行为特征，由发给对象的消息调用，其描述格式为：

[可见性] 操作名 [(参数)] [: 返回类型]

　　如同属性，在表示操作的以上成分中，中括号"[ ]"内的成分是可选内容。显然，表示操作时，只有操作名是必选的，其他都是可选的。其中，操作中的参数可以表示为：

[方向] 参数名 : 类型 [= 默认值]

　　3）表示属性、操作的可见性：类中属性、操作具有可见性，其表明属性与操作在多大范围内能够被访问。属性、操作的可见性通常分为以下 3 种：

➤　公有的（public）：用加号（+）表示，能够被所有具有访问接口的类访问。

➤　私有的（private）：用减号（-）表示，能够被它自己访问。

➤　受保护的（protected）：用井号（#）表示，能够被它自己及其下级子孙类访问。

　　在通常情况下，类的属性大多被设置为私有的，以表明其内部数据是私有数据，外界不能直接干预。而类的操作则大多被设置为公有的，以表明其能够对外提供服务。图 12.13 所示是面向对象设计的类图设计模型。

CheckAccount
-account : double
-date : String
+getTotle() : double
+addMoney(String) : boolean

图 12.13　类图设计模型

　　图 12.13 是对单个类的类图设计，一般在详细设计阶段要对整个系统中的全部类和接口进行设计，并且要标注各个类之间的关系。

　　在面向对象设计时以设计类图为基础，还可以通过协作图、状态图、构件图和部署图来详细描述系统的业务逻辑和数据处理过程。

3. 详细设计说明书

　　详细设计说明书是在详细设计阶段产生的基本文档，是对软件各组成部分属性的描述，是概要设计的细化。在详细设计说明书中，需要通过设计类图、协作图、状态图、构件图和部署图来说明软件的业务逻辑、数据处理过程、模块间的数据接口，要通过流程图、算法描述来说明程序中各模块的实现算法、数据结构，要对核心算法、核心功能的实现进行描述。总体来说，在详细设计说明书中要有对目标系统的精确描述，从而在编码阶段可以将这个描述直接翻译成用某种程序设计语言书写的程序。

　　详细设计说明书是软件设计人员与软件开发人员之间交流的媒体。

　　详细设计说明书可以在课工场学习平台的相关课程下载模板进行编写。

任务 3　综合应用 SSM 框架完成实战项目—SL 会员商城项目开发

　　通过任务 1 和任务 2，大家对大型项目系统开发的流程和内容有了大致的了解。

本任务的详细内容已经由课工场产品开发团队设计成视频课程，请大家扫描二维码进行学习。SL 会员商城项目学习导图如图 12.14 所示。

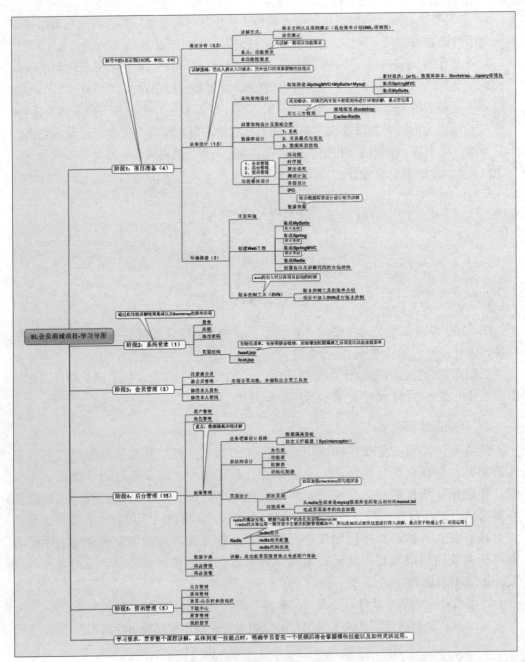

图 12.14　SL 会员商城项目学习导图

 **本章总结**

本章学习了以下知识点：

➢　软件过程模型：包括瀑布模型、原型模型和螺旋模型，瀑布模型的特点是逐一进行，不能逆转，不能跨越；原型模型的特点是通过给客户先看软件的初稿，让用户判断是否是他们想要的，操作是否方便，界面的布局是否合适等；螺旋模型是原型模型和瀑布模型的结合体，比较适合大型应用系统的开发，因为它把系统分割为多个子系统开发，每个模块互相独立。

➢　软件开发过程改进的方法：包括过程成熟度方法和敏捷方法，过程成熟度方法主要关注过程和项目管理的改进以及将好的软件工程实践引入到组织中；敏捷方法的重心是迭代开发以及减少软件开发过程的费用，其主要特点是功能的快速交付和对客户需求变更的快速响应，有代表性的有 XP、Scrum 等。

➢　系统功能需求：需要详细地描述系统功能、输入和输出、异常等。

➢　非功能需求：那些不直接与系统的具体功能相关的一类需求，它们与系统的总体特征相关，如可靠性、可扩展性、安全性、响应时间等，甚至包括界面易用程度和文档、代码规范性的要求。

➢　概要设计：也称总体设计，是建立在需求分析基础之上的，其基本目标是能够针对软件需求分析中提出的一系列软件问题概要地回答问题如何解决。概要设计包括系统架构设计、软件结构设计、数据结构设计和系统环境约定等设计过程，其中系统架构设计用于定义组成系统的子系统，以及对子系统的控制、子系统之间的通信和数据环境等；软件结构设计用于定义构造子系统的功能模块、模块接口、模块之间的调用与返回关系等；数据结构设计用于定义数据结构、数据库结构等。

➢　概要设计文档：是概要设计阶段必须要给出的基本文档，涉及系统目标、系统架构、软件结构、数据结构、运行控制、出错处理、安全机制等诸多方面的设计说明。概要设计文档是面向软件开发者的文档，主要作为项目管理人员、系统分析人员和设计人员之间交流的媒体。

➢　详细设计：是在概要设计的基础上对系统的精确描述，重点描述各模块的具体实现和处理逻辑。详细设计主要使用的方法有结构化程序设计方法和面向对象程序设计方法。

➢　详细设计说明书：是在详细设计阶段产生的基本文档，是对软件各组成部分属性的描述，它是概要设计的细化，是软件设计人员与软件开发人员之间交流的媒体。

本章作业

综合应用 SSM 框架完成实战项目——SL 会员商城项目开发，要求：

（1）完成项目的需求分析思维导图。

（2）完成项目的概要设计文档。

（3）完成项目指定功能模块。